突破思維

大腦潛能開發手冊

新雅·知識館

DK
突破思維
大腦潛能開發手冊

喬爾·利維 著
基斯·哈根 繪

新雅文化事業有限公司
www.sunya.com.hk

新雅・知識館

DK突破思維：大腦潛能開發手冊

作者：喬爾・利維（Joel Levy）

繪圖：基斯・哈根（Keith Hagan）

翻譯：吳定禧

責任編輯：林沛暘

美術設計：陳雅琳

出版：新雅文化事業有限公司

香港英皇道499號北角工業大廈18樓

電話：（852）2138 7998

傳真：（852）2597 4003

網址：http://www.sunya.com.hk

電郵：marketing@sunya.com.hk

發行：香港聯合書刊物流有限公司

香港新界大埔汀麗路36號中華商務印刷大廈3字樓

電話：（852）2150 2100

傳真：（852）2407 3062

電郵：info@suplogistics.com.hk

印刷：中華商務彩色印刷有限公司

香港新界大埔汀麗路 36 號

版次：二〇二〇年四月初版

ISBN: 978-962-08-7456-7

Original Title: Boost Your Brain
Copyright © 2014 Dorling Kindersley Limited
A Penguin Random House Company

Traditional Chinese Edition © 2020 Sun Ya Publications (HK) Ltd.
18/F, North Point Industrial Building, 499 King's Road, Hong Kong
Published in Hong Kong
Printed in China

A WORLD OF IDEAS:
SEE ALL THERE IS TO KNOW
www.dk.com

目錄

簡介

　　日常生活往往可以把你的大腦發揮至極，無論是記住一個網站的密碼，還是憶起晚宴上向你簡單介紹過的人名，都需要運用你的心智能力。本書有如一個強化課程，通過一系列訓練和智力遊戲，全方位提升你的腦力表現，幫助你面對這些挑戰！此外，本書還提供許多解決認知難題的秘訣和技巧，給予專業知識，讓你提升自信來克服生活上各種智力難關！

起步點

　　在開始大腦潛能開發訓練之前，讓我們先看看大腦是如何運作的，並認識一些有用的詞彙。在日常生活中運用到的心智能力主要可分為兩大類：記憶（memory）和認知（cognition）。記憶涵蓋範圍廣泛，無論是在購物時比對不同價格，還是要回想學校教過的知識，都必須運用到大腦記憶；認知是一個專業術語，意指「思維」，包括智力、解難能力、創造力和語言能力。

記憶 memory

　　沒有人確切知道記憶是如何操作的，但從眾多實驗中，我們總結出一個近乎準確的方式——多存儲模式。記憶過程分為不同階段：外界信息刺激你的感官後，信息就會被傳遞到大腦。這些感官收錄僅保留1秒鐘，然後自動過濾程序會將當中某些信息傳送到你的短期記憶，也就是工作記憶。

　　你的短期記憶只能同時保留少量信息，而且可能會快速衰退，甚至成為干擾你的記憶。在這些信息消失之前，只會在短期記憶中保留大約30秒。但透過集中注意力和反覆記住，你也可以更新和加強記憶。例如：當你為了撥打一通電話而短時間記住一串號碼時，這就是在利用你的短期記憶，這時你並不會把這個號碼記很久。然而，若你有意識地去反覆回想和盡力記住，或是當信息很有趣，帶有強烈感情，以及跟儲存的記憶產生共鳴的話，這些信息會就進入長期記憶裏。長期記憶可以無限期儲存無限量的信息，如何綁鞋帶就是其中一個例子，它會持續儲存在你的記憶中。

　　將信息放入長期記憶的過程稱為「編碼」。信息必須先經過短期記憶，然後進行編碼，才能儲進長期記憶。信息編碼後會好好保存，直到你需要再次提取記憶，這個提取的過程稱為回憶。編碼和回憶就好像記憶硬幣的雙面，除非能夠完成這兩個過程，否則你記不住任何東西。

　　值得留意的是介乎兩者之間還有一類稱為中期記憶，它涵蓋了從短期記憶漸漸變為長期記憶的部分。儲存在這裏的信息大約可以維持1星期，這些信息不會立即進行編碼，只是等待着最終儲進長期記憶裏，還是衰退然後忘記。

　　長期記憶也分為幾個類別，包括技能知識，例如駕車、打字和綁鞋帶。這些知識被稱為程序記憶，側重於「如何」而非「什麼」。類似「第一次世界大戰在哪年開始？」則是關於「什麼」的記憶，又稱為陳述性記憶或外顯記憶，這當中又包含了幾個類別，例

如情節記憶記錄了所有在你生命中發生的情節和事件。而發生在你本人身上的事件屬於情節記憶中的一個子分類，叫作傳記記憶。這種記憶包括你所有難忘的個人經歷，是對你最重要的記憶形式之一，因為它是構成自我意識的關鍵。

　　日常生活中遇到的許多問題和挫折，往往與記憶力欠佳甚或糟糕有關，例如絞盡腦汁回想帳號密碼或者出門後忘記了要買什麼東西。練習形成和提取各個階段的記憶，長遠來說有助改善心智，甚至可以減少隨着年齡增加而出現的記憶衰退。

多存儲模式

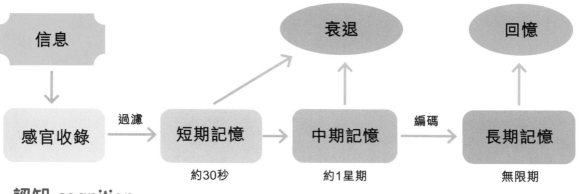

認知 cognition

　　如果記憶是儲存在「大腦櫥櫃」裏的材料，那麼認知就是你的烹飪技巧。就像你可能擅長切菜和精於烘焙，但對切烤肉和為醬汁調味無能為力。思維過程也是如此，它分為好幾個子分類，牽涉不同的能力。你可能較熟悉某一個認知領域，可是尚未掌握另一方面的認知能力。以下將一一介紹各種認知能力：

- **語言能力**負責處理語言和文字，讓你能夠完成填字遊戲，助你拼寫複雜的詞彙，同時準確表達詞彙的意思。
- **數學智能**大概是最易令人反感的領域，有些人甚至會有數學焦慮症。
- **視覺空間智能**負責處理圖形、形狀和空間，還能把事物立體地呈現在腦海中。這種能力決定你是否擅長閱讀地圖和尋找方向，以及想像出立體圖形在不同角度的模樣。
- **邏輯推理能力**負責理性思考和解開謎題，當中可能涉及文字、數字或符號。當你在破解密碼或進行數獨這類益智遊戲時，都需要運用這種能力。
- **創造力**屬於智力的一部分，負責提供有創意的想法，還能在事物間找到意想不到的關聯，同時讓你的思想保持靈活和創新。

　　以上種種仍不是智力的全貌，它還有另外一面，叫作情緒或社交智力。這能幫助你識別、控制和處理自己與別人的情緒。不過情緒智力較為主觀，更因人而異，難以透過練習和解謎來提升。

事不宜遲！

　　好，終於把理論說完了，是時候翻到下一頁，看看該如何使用這本書。接着，你可從第一章，或與你最息息相關的章節開始，盡情激發你的大腦！

如何使用這本書？

　　這本書編排簡潔清晰，共分為13章，每一章均訓練你應付日常生活帶來的腦力挑戰，例如加強對密碼和PIN碼的記憶，或解決健忘的問題，如「我把鑰匙放在哪裏呢？」的情況。請完成書中的訓練，學習提升記憶力和各項認知能力的技巧，全面激發大腦潛能。當你了解自己的腦力表現，就知道如何更有效地改善自己了。

按需要選讀

　　書中首七章重點訓練記憶，分別是短期記憶（共3章）、中期記憶（共1章）和長期記憶（共3章）。其他章節則主要訓練各種認知能力，包括：數學智能（共2章）、語言能力（共1章）、視覺空間智能（共1章），還有破解謎語和密碼所需的邏輯推理能力（共1章），以及啟發橫向思維的創造力（共1章）。

　　你可以直接閱讀自己最需要改善的範疇，也可以跟隨這本書的系統，循序漸進地閱讀，完成整個腦力提升課程。

　　這本書每一章都有明確目標，務求切實地解決生活難題。例如：第二章幫助你識別剛認識那些人的名字和臉孔，第六章針對人們難以記憶長長的密碼和PIN碼，而第七章則希望提高你溫習的效率。

　　當你展開每一章時，都要先完成小測試，即時為你在該範疇的腦力水平評級。大致了解自己的能力後，你便可開始挑戰各道難題，學習不同的秘訣和技巧。

　　除了第十三章，每一章都設有評分系統，以便評估你的大腦已經達到了最佳狀態，還是需要接受更多訓練。雖然第十三章無法評分，但你可以回顧整個訓練過程，從不同方面評估自己的創造力，例如自問：這一題困難嗎？完成後讓你有什麼改變？

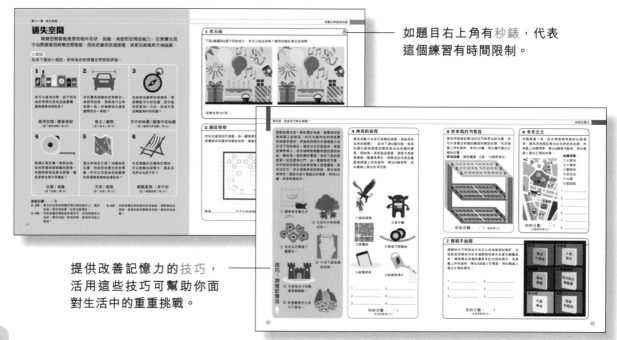

如題目右上角有秒錶，代表這個練習有時間限制。

提供改善記憶力的技巧，活用這些技巧可幫助你面對生活中的重重挑戰。

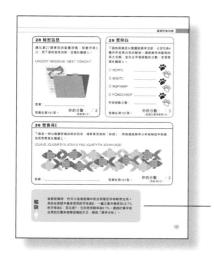

每一章均設有秘訣,使你答題時表現得更好。

評分系統讓你知道自己的表現如何,也會建議你該如何提升能力。

技巧與秘訣

在訓練記憶的章節中,你會學到不少提升記憶力的技巧,了解運用各種記憶工具的方法,當中有些更是記憶專家專門使用的記憶策略。一開始你可能會覺得有難度,但若持之以恆地反覆練習,便會習慣成自然,成為你強大的記憶工具,幫助你應付日常生活中不同的情況。每一章還設有秘訣,提供一些小提示來提升你的表現。

計時任務和小息

為了模仿「真實生活」的情境,許多訓練都設有時間限制。答題前,請查看右上角有沒有秒錶符號。此外,許多訓練都會有「小息時間」,那是建議你在記憶編碼後完成某項任務才寫出答案。這樣做可以防止你在腦海裏重溫剛才記憶的內容,在編碼和回想之間的一段時間迫使你專注其他事情。如果你還沒有足夠的信心,可以選擇不做任務,或是來個特別的小息,比如喝一杯茶。

解決方法

你可以翻至書末,查找第一至十二章訓練的答案或參考答案(注意第十三章不設計分)。核對答案後計算出總分,並在每一章最後一頁查看評級,看看自己的表現如何。如果你答錯了某些題目,你能看出自己做錯了什麼嗎?不妨看看書中的技巧和秘訣,然後再次挑戰。即使你能正確回答題目,也總有改善的空間。那就看看你能否更進一步,縮短解題時間,並將各種技巧和秘訣應用到日常生活中。

挑戰

每一章都附有一項挑戰,你可以翻到第178至179頁查看。這是你可以在家完成,或在日常生活中練習的任務。當你不滿意自己獲取的分數時,這個任務能夠幫你提升該範疇的能力。即使你的表現不錯也值得一試,因為你可透過這些任務磨練和維持心智能力。讓頭腦保持最佳狀態的方法就是反覆動腦筋,所以請你繼續挑戰自我,不斷激活大腦,超越這本書的境界!

第一章

速戰速決

重點訓練：短期記憶

速戰速決

　　人類的短期記憶相當於電腦裏的主記憶體，雖然方便操作和處理，但很快便會消失，而且容易刪除。你的短期記憶功能是否運作正常，還是正在衰退呢？

小測試

完成下面的小測試，即時為你的短期記憶功能評級。

1

你有試過走進房間後忘了進去做什麼嗎？

有 / 沒有

(答「沒有」得1分)

2

回覆郵件時，你需要反覆查閱別人提出什麼問題嗎？

需要 / 不需要

(答「不需要」得1分)

3

通電話時若對方告訴你一串號碼，你得馬上寫下來，還是可以稍等一會，待通話結束才寫下？

馬上寫下 / 稍等一會

(答「稍等一會」得1分)

4

家人打電話叫的士後，你能夠記住司機説出的車牌號碼，直接在眾多汽車中找到它嗎？

能夠 / 不能

(答「能夠」得1分)

5

問路時別人告訴你要經過幾個地方才能抵達，你有試過中途忘掉了，再次詢問其他人嗎？

有 / 沒有

(答「沒有」得1分)

6

若你和6個朋友到餐廳去，並由你為大家點飲品，你需要逐個寫下來，還是可以全部記住？

寫下 / 記住

(答「記住」得1分)

你的分數： ／ 6

0-2分：你的短期記憶功能急需改善，請利用這一章的題目好好練習，並查看第178頁的挑戰，進一步提升能力。

3-4分：你的短期記憶功能達至一般水平，請繼續努力，利用這一章的題目提升記憶水平。

5-6分：你的短期記憶功能相當出色，看看你能否在接下來的題目獲得高分吧！

1 辨認隨機的物品

辨識圖中的物品，然後前後倒轉讀出每個物品的名字，如「冬菇」讀成「菇冬」。讀完後請蓋上圖片，再運用你的短期記憶，在橫線上寫出所有物品。

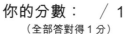

1 _____

2 _____

3 _____

4 _____

5 _____

6 _____

7 _____

8 _____

你的分數：　 / 1
（全部答對得 1 分）

2 哪裏得來的帽子？

你能夠在下圖中找出最不相關的帽子嗎？找到後請蓋上圖片，然後在橫線上寫出你的短期記憶能記住的帽子種類。

1 _____

2 _____

3 _____

4 _____

5 _____

6 _____

你的分數：　 / 1
（全部答對得 1 分）

答案在第180頁。

3 自毀名片

529661

4810246

02985385

942077312

3826564902

你在參加一個間諜會議，委託人把他們的名片遞給了你，上面印有獨一無二的間諜代碼。但有個小問題：這些名片會在30秒之後自動銷毀。你能夠記住名片上的所有數字嗎？你只能讀出每個代碼一遍，然後請蓋上圖片，並在另一張紙上默寫出來。你最長能記住幾位數的代碼？（每次只須完成1張名片）

你的分數： ／ 5

（10位數：5分；9位數：4分；8位數：3分；7位數：2分；6位數：1分）

4 動物園

下面是9種不同的動物，請用30秒仔細觀察，然後蓋上圖片，並在橫線上寫出各種動物的名稱。

1 ＿＿＿＿＿＿＿

2 ＿＿＿＿＿＿＿

3 ＿＿＿＿＿＿＿

4 ＿＿＿＿＿＿＿

5 ＿＿＿＿＿＿＿

6 ＿＿＿＿＿＿＿

7 ＿＿＿＿＿＿＿

8 ＿＿＿＿＿＿＿

9 ＿＿＿＿＿＿＿

你的分數： ／ 3

（全部答對得3分，答對8個得2分，答對7個得1分）

5 觀鳥園

下面是9種相似的動物，請用30秒仔細觀察，然後蓋上圖片，並在橫線上寫出你的短期記憶能記住的雀鳥名稱。

1 ＿＿＿＿＿＿＿

2 ＿＿＿＿＿＿＿

3 ＿＿＿＿＿＿＿

4 ＿＿＿＿＿＿＿

5 ＿＿＿＿＿＿＿

6 ＿＿＿＿＿＿＿

7 ＿＿＿＿＿＿＿

8 ＿＿＿＿＿＿＿

9 ＿＿＿＿＿＿＿

你的分數： ／ 3

（全部答對得3分，答對8個得2分，答對7個得1分）

6 這能切開嗎？

請把可以用刀切開的物件圈起來。

答案在第180頁。

請蓋上圖片，然後回答下面的問題，把答案寫在橫線上。即使你沒有打算記住上圖中的物件，你的短期記憶大概也儲存了一些關於這些物件的細節。

• 紙杯蛋糕上面放了什麼？

_____

• 水煲上的是什麼圖案？

_____

• 連接熨斗的電線是什麼顏色？

_____

• 共有多少球雪糕？

_____

你的分數： ＿＿ / 4

（每個正確答案得 1 分）

7 超級市場

這個訓練能展現短期記憶如何在你無意間記錄信息，比如記住位置和類別。下面哪些食物你喜歡生吃，哪些食物會煮熟來吃？生吃的，請在圖上面加○；煮熟來吃的則加□。

貨架

熟食專櫃

罐頭陳列櫃

你還記得下面各個地方分別擺放了哪3種食物嗎？請在橫線上寫下來。

• 貨架：_____

• 熟食專櫃：_____

• 罐頭陳列櫃：_____

你的分數： ＿＿ / 3

（每組3種食物都答對得 1 分）

8 酒吧招牌

左面是8間酒吧的招牌。請每個招牌觀察5秒，然後蓋上圖片，在右面的招牌上填上正確的顏色，並寫出每間酒吧的名稱。（每次只須完成1個招牌）

你的分數：　／ 5

（答對4組名稱和顏色得 1 分，答對5組得2分，如此類推，全部答對得 5 分）

醉酒之犬

麥菲的鬍子

路邊酒館

運動酒吧

十字騎士

鐵馬

母親的畫像

水果酒杯

9 交通標誌

交通警察打算測試一下人們對交通標誌的認識。請每行標誌觀察 10秒，然後蓋上所有資料，並在橫線上寫出正確的次序。（每次只須完成1行交通標誌）

你的分數： ／ 4
（每個正確答案得1分）

- 從左至右看，「此路不通」排在第＿＿＿＿。

- 從左至右看，「停」排在第＿＿＿＿。

- 從左至右看，「熊出沒注意」排在第＿＿＿＿。

- 從左至右看，「分岔路口」排在第＿＿＿＿。

10 我手畫我心

你能在腦海中繪畫，然後在紙上畫出來嗎？請根據下面的指示，在腦海中想像圖案，然後蓋上指示，在右面的空格內畫出來。

指示：
- 請想像一個圓形，圓形內有一個正方形，大小剛好碰到圓形的邊。
- 一條對角線從正方形的左上角連至右下角，把它切成一半。
- 圓形頂部有一個小三角形。
- 正方形的左下角有一個黑點。

你的分數： ／ 2
（圖案與第180頁的答案相似得2分）

11 鴨子排隊

你遇上交通擠塞，原來那是因為圖中上面的一排鴨子正排着隊過馬路。請仔細觀察牠們，然後蓋上圖片，再看看下面一排鴨子，把剛才沒有看過的鴨子圈起來。

答案在第180頁。

你的分數：

（每隻不同的鴨子得1分）

12 探險隊

你帶領着一支探險隊穿越危險的國度，但你只匆匆看了一眼地圖，它就被一陣強風吹走了。請用30秒觀察左面的地圖，然後蓋上圖片，並在右面的空白地圖上畫出正確的地標。

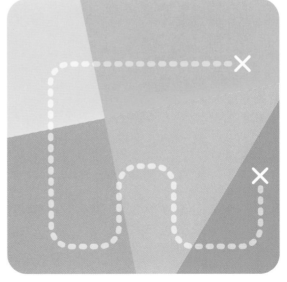

你的分數：　　／1（全部答對得1分）

13 小小遊戲 ⏱

一個小孩打開珠寶盒後，不小心丟失了5件珠寶。上面那張圖片展示珠寶原本擺放的位置，請用30秒觀察珠寶盒，然後蓋上圖片，並用線把丟失的珠寶連至盒中的正確位置。

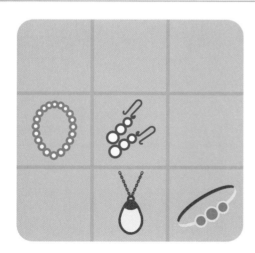

你的分數： ／ 5

（每個正確答案得1分）

14 金銀島

一個喝醉的海盜在醉倒前，把一張藏寶地圖交給了你。請閱讀一次藏寶地點的路線説明，然後蓋上它，再從「×」開始在地圖上畫出正確路線。

路線說明：

① 向北走，見到第三棵棕櫚樹時轉為向西前進。

② 穿過沼澤後渡河，抵達洞穴。

③ 向北走，翻越山脈後抵達沙灘。

④ 向東沿着河流前進，到達第三個瀑布後渡河。

藏寶地點在哪裏？

答案在第180頁。

你的分數： ／ 1

（抵達正確地點得1分）

15 賽車的顏色

國際賽車大獎賽出現一陣恐慌，原來由於不尋常的天氣，所有賽車的油漆都被污泥覆蓋着！你可以幫忙讓賽車回復它們專用的顏色嗎？請閱讀右面每支車隊所用顏色的描述，然後蓋上它，並給下面的賽車塗上正確的顏色。（每次只須完成一支車隊）

加速車隊：
綠前翼，藍車頭，紅駕駛艙，橙車身，黃尾翼。
衝刺車隊：
藍前翼，橙車頭，黃駕駛艙，藍車身，綠尾翼。
超級車隊：
紅前翼，橙車頭，綠駕駛艙，黃車身，藍尾翼。
極速車隊：
藍前翼，紅車頭，橙駕駛艙，綠車身，黃尾翼。
飛行車隊：
黃前翼，橙車頭，紅駕駛艙，藍車身，綠尾翼。

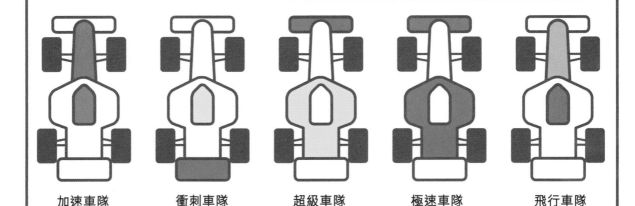

| 加速車隊 | 衝刺車隊 | 超級車隊 | 極速車隊 | 飛行車隊 |

你的分數： ／ 5
（每輛顏色正確的賽車得 1 分）

16 情境才是王道

短期記憶的問題是來得快，去得也快。若你想把事情記得更牢固，那就需要更加留意獲得信息時身處的環境。請閱讀右面 3 則資料和相關的情境，然後繼續完成其他題目。稍後，這一章會就信息內容考考你。

在網球比賽中：必需品包括遮蔭的地方、水和食物。

在巴士上：金的化學元素符號是Au。

在雨中：烏拉圭的首都是蒙特維多。

17 國際象棋挑戰

當你在公園下國際象棋時，風一直吹動棋子。請用30秒觀察左面的棋盤，然後蓋上圖片，並在右面空缺的棋盤上畫出棋局。（每次只須完成一個棋局）

你的分數： ／ 4
（每個正確的棋局得2分）

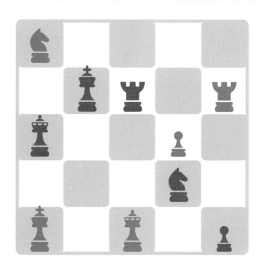

秘訣
↑

短期記憶本來就容易消失，但有個簡單的方法可以應對這個問題：即時回顧。你可以立即在腦海裏重複憶起新的信息，甚至大聲說出來，那就能使你記憶猶新。

18 金的遊戲

在魯德亞德．吉卜林（Rudyard Kipling）於1901年創作的推理小說《金》中，間諜課程包含了記憶訓練，其中有的只是些簡單的遊戲。請用30秒記住下面的物品，然後蓋上圖片，並在另一張紙上盡量列出這些物品。

你的分數： ／3

（答對14 - 15件：3分；答對12 - 13件：2分；答對10 - 11件：1分）

技巧：分組記憶

分組記憶的意思是將信息分類，整理出不同的組合。你的短期記憶一次只能夠處理大約7個信息，假如你懂得將多個小塊整合為一組，你便可以記住更多信息。請嘗試以兩件一組的方式記住右面14件物品，然後蓋上圖片，30秒後在另一張紙上盡量列出這些物品。

19 金的遊戲（難度：高）

下面的物品比第18題的更為相似，使難度大大提高。請利用分組記憶的方式配對物品，看看在30秒後能夠記住多少物品。

你的分數： ／ 5

（答對14件：5分；答對12 - 13件：4分；答對10 - 11件：3分；答對7 - 9件：2分；答對6件：1分）

20 金的遊戲（難度：極高）

這題的難度更高，只有記憶高手才能夠成功挑戰這項艱鉅的任務！請利用分組記憶的方式，用30秒的時間記住這30件物品，然後看看你能在紙上列出多少件。

你的分數： ／ 10

（答對25 - 30件：10分；答對17 - 24件：8分；答對12 - 16件：6分；答對10 - 11件：4分；答對8 - 9件：3分；答對6 - 7件：2分；答對5件：1分）

21 情境才是王道（考考你）

在第16題中，你嘗試記住 3 則不相關的資料。請利用提供的情境回憶資料內容，並在橫線上寫出來。

在網球比賽中：

在巴士上：

在雨中：

_____

_____

你的分數：　／ 3

（每個正確答案得1分）

22 淡忘

短期記憶特別容易衰退，儲存的記憶終究會漸漸被淡忘。衰退程度較低的人擁有較佳的記憶能力，下面的快速測試可以知道你的記憶衰退速度。請回憶之前完成的題目，然後在橫線上寫出答案。

① 請舉出第2題「哪裏得來的帽子？」中的兩種帽子。

_____

② 承上題，哪一種是最不相關的帽子？

_____

③ 請舉出在第5題「觀鳥園」中的4種雀鳥。

_____

④ 請舉出在第22頁「技巧：分組記憶」中的1對物品。

_____

⑤ 請舉出在第18題「金的遊戲」中的2件物品。

_____

你的分數：　／ 5

（答對每題得1分）

23 背景雜音

當你分心時，會更難保留短期記憶中的信息。例如這一題：右面是你手上的撲克牌，請用30秒一邊記住撲克牌，一邊把從113起以3遞減的數字説出來。（即113，110，107，如此類推）。時間結束後請蓋上圖片，然後説出有哪些撲克牌。

你的分數：　／ 2

（全部答對得2分，答對4張得1分）

24 干擾物品

短期記憶面對的另一個問題是干擾，即新信息會干擾之前儲存的信息，導致你遺忘那段記憶。你能夠應對這個問題嗎？

① 請用30秒記住下面的物品，然後蓋上所有資料，並完成任務②。

你的分數： ／ 3

（答對7件：3分；答對5 - 6件：2分；答對3 - 4件：1分）

② 請把最不相關的一項物品圈起來。

答案在第180頁。

③ 你還記得任務①的物品嗎？請在橫線上寫下來。

_____

_____

④ 根據任務③來計算分數。

25 干擾數字

請完成這一題，看看自己如何應對干擾的問題。

① 請用10秒記住這串數字：4290648，然後蓋上它，並完成任務②。

② 這組撲克牌的下一張應是什麼？

③ 你在任務①記住了什麼數字？

答案在第180頁。

④ 根據任務③來計算分數。

你的分數： ／ 2

（全部答對得2分，答對6個得1分）

26 自然奇觀

如有一些線索或觸發點幫助你記憶信息，那就更容易從短期記憶中提取出來。請用30秒記住各自然奇觀和它所在的國家，然後蓋上所有資料。

安赫爾瀑布：
委內瑞拉

珠穆朗瑪峰：
尼泊爾

桌山：南非

大堡礁：澳洲

藍洞：意大利

吉力馬扎羅山：坦桑尼亞

大峽谷：美國

請在橫線填上正確的自然奇觀。

- 澳洲：＿＿＿＿＿＿＿＿＿

- 尼泊爾：＿＿＿＿＿＿＿＿

- 坦桑尼亞：＿＿＿＿＿＿＿

- 意大利：＿＿＿＿＿＿＿＿

- 美國：＿＿＿＿＿＿＿＿＿

- 南非：＿＿＿＿＿＿＿＿＿

- 委內瑞拉：＿＿＿＿＿＿＿

你的分數：　／ 7
（每個正確答案得 1 分）

27 愛情連結

與情感相關的內容或聯想會更容易記住。請仔細閱讀這些人物的關係，然後蓋上所有資料，並回答問題。

阿邦和阿滿是舊同學。

阿德和阿潔已結婚40年了。

阿度喜歡阿怡。

約翰和阿娜準備生孩子。

阿嘉和阿標打算離婚。

家文和阿當在一起了。

慧娜和德雲是雙胞胎。

上面哪一組人即將生孩子？＿＿＿＿

你的分數：　／ 1
（答對得1分）

技巧：聯想記憶法

若想把短期記憶裏的新信息記得更牢固，另一個方法是將新的信息與已知的信息建立聯繫，例如名人的名字和臉孔。你可以把下面的撲克牌與名人的姓名聯繫起來，幫助記憶。請用30秒看看撲克牌和對應的姓名，然後蓋上所有資料，並說出3本你最喜歡的書。如利用聯想記憶法的話，你能夠記住卡片嗎？

畢彼特　　安祖蓮娜祖莉　　朱克伯格　　比爾蓋茨　　梅麗史翠普

28 點飲品

現在你在餐廳裏，但沒有紙筆記下飲品。如想記住每個人要點什麼，你可以把飲品和朋友的臉孔或名字聯繫起來。請記住誰點了什麼飲品，然後蓋上所有資料，並在橫線上寫出來。

查理要果汁

阿當要汽水

馬田要啤酒

布朗要紅酒

阿慧要咖啡

阿丹要汽水

1 _____

2 _____

3 _____

4 _____

5 _____

6 _____

你的分數：　　／ 3
（全部答對得3分，答對5個得2分，答對4個得1分）

總分：

／ 100

 金獎
（80 - 100分）

你的短期記憶表現卓越，如想維持水平和充分發揮表現，可嘗試第178頁的挑戰。

 銀獎
（30 - 79分）

你的短期記憶尚待改善，不妨再看一遍這章的秘訣和技巧，然後嘗試第178頁的挑戰。

 銅獎
（0 - 29分）

你的短期記憶仍需努力，試試重做這一章的題目，提升你的記憶表現。

★ 請翻到第178頁，完成挑戰。

聚餐高手

人類腦部有特定的區域和思維過程來感知並識別臉孔。可惜記憶總是令我們失望，往往未能將名字和臉孔的聯繫從短期記憶轉移至長期記憶。

小測試

完成下面的小測試，即時為你對名字和臉孔的記憶評級。

1  你坐長途飛機時跟旁邊的乘客聊天，你需要中途請他再說名字一遍嗎？ 需要 / 不需要 （答「不需要」得1分）	**2**  你在會議上認識了一個人，但她沒戴姓名牌。稍後你再跟她交談，你能想起她的名字嗎？ 能 / 不能 （答「能」得1分）	**3**  多年沒見的遠房親戚來參加你的生日會，你還記得他的名字嗎？ 記得 / 不記得 （答「記得」得1分）
4  你能說出同學的父母和兄弟姊妹的名字，並描述他們的外貌嗎？ 能 / 不能 （答「能」得1分）	**5**  參加派對時，朋友介紹了一位賓客給你認識。1小時後，你能在人羣中認出那位賓客嗎？ 能 / 不能 （答「能」得1分）	**6** 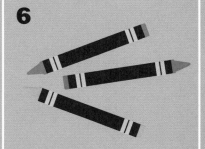 你的好朋友告訴你，她把顏色筆送給一位朋友。第二天，你還能記住那位朋友的名字嗎？ 能 / 不能 （答「能」得1分）

你的分數：　/ 6

0-2分：你對名字和臉孔的記憶急需改善，如不好好處理，可能會出現令人非常尷尬的情況。請利用這一章的技巧和題目好好練習，提升能力。

3-4分：你對名字和臉孔的記憶達至一般水平，請繼續努力，利用這一章的題目提升記憶水平。

5-6分：你對名字和臉孔的記憶相當出色，看看你能否在接下來的題目獲得高分吧！

1 有趣的臉孔

彼得　　　娜汀雅　　　亨利　　　艾雲娜　　　查理斯

富有特色或不尋常的臉孔較容易令人記住,請用30秒觀察上面那行臉孔,記住每個人的名字和他們最突出的特徵,然後蓋上所有資料,並從30開始倒數,再在下面那行臉孔下的橫線上寫出正確的名字。

你的分數:　　／ 1
（全部答對得1分）

2 不有趣的臉孔

平凡的臉孔較難令人記住,這題為你訂立一條底線,假如你能完成這一題,這一章餘下的題目也沒什麼好怕了。請用1分鐘記住上面那行的名字和臉孔,然後蓋上所有資料,並說出日數少於31天的月份,再在下面那行臉孔下的橫線上寫出正確的名字。

分利　　　阿琴　　　亞度　　　麥飛　　　安妮

你的分數:　　／ 2
（答對5個得2分,答對4個得1分）

秘訣 ↑

記住名字最簡單的方法,就是在聽到時重複說一遍。這可以幫助你將名字深深印在腦海中,以便日後回憶起來。具體來說,當你剛認識某人,便可將介紹的內容重新組織成問題。比如你可以問「你的名字就是杜阿瑟嗎?」,或問「杜阿瑟的『瑟』字怎樣寫?」。每次認識新朋友的時候,不妨練習一下。

在腦海中想像一張座位表，上面顯示誰坐在哪個位置，然後利用對位置的記憶有效地記住名字。假設你參加了前往西班牙巴塞隆拿的旅行團，在飛機上，遊客們一直坐着相同的位置，但他們身上均沒戴姓名牌。請利用座位表的位置，用1分鐘記住名字，然後蓋上所有資料，並回答下面的問題。

技巧：名字定位法

第1行	第2行	第3行	第4行
A 陳比利	A 麥約翰	A 艾保羅	A 趙哈利
B 史露絲	B 高　珍	B 葛東尼	B 歐麗斯

① 誰坐在2A的位置？　＿＿＿＿＿＿＿＿＿

② 葛東尼的位置在哪裏？　＿＿＿＿＿＿＿＿＿

③ 哪兩個人坐在第4行？　＿＿＿＿＿＿＿＿＿

④ 史露絲的位置在哪裏？　＿＿＿＿＿＿＿＿＿

3 民宿的猜測

你跟朋友一家在民宿裏度過周末，你能記住誰和誰住在哪間房嗎？請用1分鐘記住各人的名字和他們所住的房間，然後蓋上資料，並在右面的民宿平面圖裏寫出正確的名字。

- 約翰和阿紫住在主卧室。

- 芭芭拉和肯尼斯住在雅室。

- 露絲和葛雲住在壁爐室。

- 羅拔和帕米拉住在涼亭室。

你的分數：　　／ 4
（每個正確答案得1分）

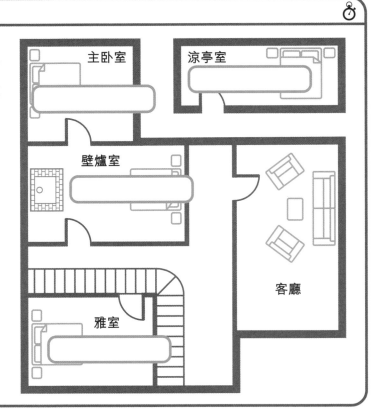

主卧室

涼亭室

壁爐室

客廳

雅室

4 派對挑戰

你參加派對遲到了，朋友快速為你介紹在場的賓客。就座前請用1分鐘看看名單、臉孔及座位，然後蓋上所有資料，並在空格內寫出各位賓客的名字。

瑪莎坐在你右邊。　　里奧坐在你對面。　　傑夫坐在里奧左邊。

安德魯坐在靠近你的桌子一端（即你左邊）。　　露易絲坐在桌子的另一端。

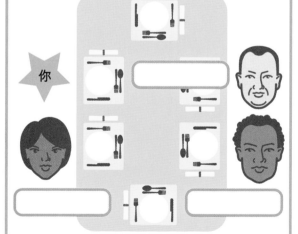

你

你的分數：　 ／ 1

（全部答對得1分）

5 迷茫的上學日

這是你剛轉校的第一天，老師希望幫你記住同學的名字，於是請你在短時間內記住各人的名字和坐的位置，然後給他們派發試卷。請用2分鐘看看座位表，然後蓋上它，並舉出香港10個不同的地區，再在空格內寫出正確的名字。

美兒	文浩	欣欣
樂心	立民	子祺
樂華	珠珠	雅琳
銘傑	冬冬	你

1 _____　2 _____　3 _____

4 _____　5 _____　6 _____

7 _____　8 _____　9 _____

10 _____　11 _____　你

你的分數：　 ／ 5

（答對11個：5分；答對9 - 10個：4分；答對7 - 8個：3分；
答對5 - 6個：2分；答對3 - 4個：1分）

6 排序

如果不僅要記住剛認識的人的名字，還要記住認識的先後次序，這聽起來似乎相當困難。但假如你把名字編成一個簡單又令人印象深刻的故事（一連串事件），就有助你回憶這些信息。請用2分鐘為下面5個人物想出一個故事，然後蓋上所有資料，並舉出5部你喜歡的電影，再在第二橫行對應的臉孔下寫出正確的名字，以及用1-5來表示順序。

 1　 2　 3　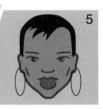 4　5

陳永文　　麥雅慧　　蕭愛琳　　姚偉恩　　潘可玲

_____　_____　_____　_____　_____

你的分數：　／ 6

（每個正確名字得1分，答對所有次序得1分）

7 名字決定命運

有時人們的名字與他們的職業相關，這情況稱為「名字決定命運」，是非常有用的記憶工具。請利用人們的職業記住名字，然後蓋上所有資料，並在橫線上寫出所有名字。

陳傑昌：
窗戶清潔員

王司祺：
巴士司機

黎律修：
法官

羅潔衣：
裁縫

田樂音：
結他手

1 _____

2 _____

3 _____

4 _____

5 _____

6 _____

7 _____

邱菜遠：
廚師

畢文梳：
理髮師

你的分數：　／ 1

（全部答對得1分）

技巧：名字裏有什麼？

⬆

對於記性差的人來說，能夠引起他人聯想的名字真的很好。下面4個人的名字就明顯地跟某些事物有關聯，因此可利用視覺聯想的方式來記住，例如牛又圖先生能令人聯想到在麵包上塗牛油的情形。請一邊記住其他3人的臉孔，一邊想出名字的關聯，然後蓋上名字，並在橫線上寫出正確的名字。

牛又圖先生	陳布林小姐	麥光年先生	游裕詩小姐
＿＿＿	＿＿＿	＿＿＿	＿＿＿

8 參加面試 ⏱

你希望在面試中留下好印象，認住每個面試官的名字和臉孔，但他們打扮得非常相似。於是你利用視覺聯想的技巧展開聯想，記住這幾個名字。請用30秒記住面試官的名字，然後蓋上它，並背出從A開始每隔一個的英文字母（即A，C，E，如此類推），再在橫線寫出正確的名字。

黃文傑先生	林頌茵小姐	李成宇先生	陳浩嘉先生	張倩怡女士

＿＿＿＿＿＿＿＿＿＿＿＿＿

你的分數： ／ 1
（全部答對得1分，並獲得聘用！）

外表和名字之間的關聯，能夠幫助增強記憶。首先，集中留意圖中各人的外貌特徵，然後從他們的名字想出一個可加深印象的聯想。請用2分鐘在紙上寫出你想到的關聯，然後蓋上紙張，看看你能否記住這些名字。

技巧：加深印象 ↑

黃小花　　　白大元　　　陳中海　　　王燈瓏　　　馬長青

9 火車乘客

為了練習上面的技巧，你可嘗試先記住人們的外貌特徵。你登上了一列長途火車，旅程中有6個相貌不凡的乘客與你共用一個車廂。第二天，你要向朋友描述他們的長相。請仔細觀察左面6人，然後蓋上所有資料。5分鐘後，在右面臉孔下的橫線上寫出消失了的外貌特徵。

你的分數：　　／ 6
（每個正確答案得1分）

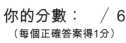

10 容貌拼圖

首先練習利用外貌和名字,展開聯想。請仔細觀察上面那行的圖片,記住每個人的名字和他們的特徵,然後蓋上所有資料,並舉出3本你最近閱讀的書,再在下面那行臉孔下的橫線上寫出正確的名字。

你的分數: ／5
(每個正確答案得1分)

黃海棠　　楊光亮　　袁頂天　　鍾可可　　陳默怡

_____　_____　_____　_____　_____

11 合適的名字

現在發揮想像,結合人物的名字和特徵。在婆婆八十歲大壽的晚宴上,你不記得在場半數親戚的名字,於是姊姊給你快速介紹了他們。請用1分鐘對左面的名字和外貌進行聯想,然後蓋上所有資料,並在右面對應臉孔下的橫線上寫出正確的名字和消失了的外貌特徵。

你的分數: ／10
(每個正確的名字和外貌特徵各得1分)

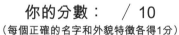
阿尖表哥

阿環姑姐

阿蘇叔叔

阿媚表姐

阿瞳表妹

_____

_____　_____

12 家人配對

如果你覺得記住別人的名字很難,那麼記住他們家人的名字想必難上加難。下面是4組家人,請利用你學過的技巧,記住誰和誰是家人。你可以從名字或不同的外貌特徵作聯想,然後蓋上所有資料。待完成第13題後,才回答右面的問題,把答案寫在橫線上。

阿碎和阿萍

阿單和阿八

阿雄和阿藍

阿雅和阿備

① 阿單的家人是＿＿＿＿＿＿＿。

② 是＿＿＿＿＿＿的家人。

③ 阿雄的家人是＿＿＿＿＿＿＿。

④ 是＿＿＿＿＿＿的家人。

⑤ 阿備的家人是＿＿＿＿＿＿＿。

⑥ 是＿＿＿＿＿＿的家人。

你的分數: ／1
(全部答對得1分)

13 愛和平的外星人

這項任務非常艱鉅!外星人着陸地球後,選了你作為星際人類大使。你必須遵從外交禮儀,記住他們的外表和名字。請用2分鐘仔細觀察第一橫行的外星人,然後蓋上所有資料,並舉出 5 首你最近聽過的歌,再配對第二橫行外星人與框內的名字。

你的分數: ／6
(每個正確答案得1分)

長腿人　　十眼仔

小吸盤　　彎彎　　圓圓球　　三角妹

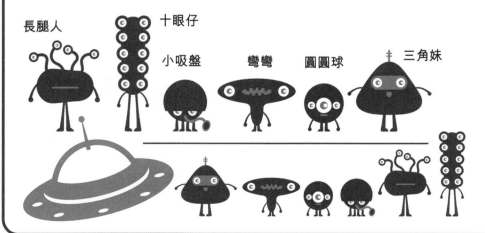

小吸盤
圓圓球
彎彎
三角妹
十眼仔
長腿人

技巧：情境關鍵 ↑

把情境加入對他人的記憶中有助加深記憶。細心留意你們認識時周圍的環境，例如你們在哪裏、當時附近有些什麼、在什麼場合等等。現在來練習一下，請用2分鐘觀察這些人物，然後蓋上所有資料，並舉出12個國家，再把各人的名字説出來。

你在大風天認識菲莉。

你在倫敦旅行時認識雲妮。

你在看煙火表演時認識阿道。

你遇見綺雯時，她手捧玫瑰。

你在飛機上認識尼傑。

14 老師，你好！

你能夠記住這幾位老師的名字和任教科目嗎？你可利用科目和課室布置展開聯想，從而記住各人的名字。請用1分鐘觀察，然後蓋上所有資料。待完成第15題後，才在橫線上寫出老師的名字和科目。

王老師（歷史科）

魏老師（視藝科）

涂老師（地理科）

文老師（中文科）

1 _____

2 _____

3 _____

4 _____

5 _____

6 _____

你的分數：　　／ 6
（每個正確答案得1分）

宇老師（物理科）

申老師（生物科）

綜合這一章內容，我們可以得出一個名為「記憶三步法」的技巧。首先通過名字的聯想加深印象，然後用面部特徵發揮聯想，最後連結兩者來建立令人極為深刻的聯想。在下面的例子中，從「蘇莉蘭」這個名字聯想到蘇格蘭爹利犬，而她的髮型很像蜜蜂窩，連結兩者便得出一個有趣的畫面：蘇格蘭爹利犬追着蜜蜂。你可以用同樣的方法記住「高山征」嗎？

技巧：記憶三步法 ↑

名字聯想　　　　　特徵聯想　　　　　連結

蘇莉蘭

蘇格蘭爹利犬

蜜蜂窩

高山征

_____　　_____　　_____

_____　　_____　　_____

15 難忘的面孔

請運用記憶三步法對下面4個名字展開聯想，然後用外貌特徵發揮想像，再連結兩者得出一個令人記憶深刻的畫面。現在請蓋上名字和聯想內容，並想出12種水果，再在另一張紙上寫出每張臉孔對應的名字。

		名字聯想	臉孔聯想	連結
陳大聰	1	_____	_____	_____
		_____		
楊卓妃	2	_____	_____	_____
		_____		
梁一心	3	_____	_____	_____
		_____		
劉慧燕	4	_____	_____	_____
		_____		

你的分數：　　／ 4
（每個正確答案得1分）

16 學生大使

學校來了幾位從日本來交流的老師，校長請你擔任學生大使接待他們。這時，校長突然出現，讓你逐一介紹這些人。你只聽過一次他們的名字，但叫不出來可真非常失禮！這題是記憶三步法的終極測試，請用10秒看看每個人的名字和外貌特徵，建立聯想，然後蓋上名字和聯想內容，並說出5份報紙名稱，再在另一張紙上寫出各人的名字。

	名字聯想	臉孔聯想	連結
青山健 (小學校長)	1 _____	_____	_____
	_____	_____	_____
田中直 (校長助理)	2 _____	_____	_____
	_____	_____	_____
白井流里子 (交流團中唯一的女性)	3 _____	_____	_____
	_____	_____	_____
森下悠人 (翻譯人員)	4 _____	_____	_____
	_____	_____	_____
日下部陽介 (訓導主任)	5 _____	_____	_____
	_____	_____	_____

你的分數： ____ / 10
（每個正確答案得2分）

總分：
____ / 75

金獎
（60 - 75分）
你對名字和臉孔的記憶表現卓越，看來你有出色的記憶天賦。希望你繼續練習記憶三步法，精益求精。

銀獎
（30 - 59分）
你對名字和臉孔的記憶尚待改進，不妨看看第178頁的挑戰，繼續努力練習吧。

銅獎
（0 - 29分）
你對名字和臉孔的記憶仍需努力，如不好好處理，可能會出現令人非常尷尬的情況。試試做第178頁的挑戰，然後重做這一章的題目，提升能力。

★ 請翻到第178頁，完成挑戰。

第三章

視而不見？

重點訓練：日常記憶

視而不見？

在現代社會的生活中，人們往往要記得許許多多無趣的任務和數據——一些我們大腦記憶不擅長處理的信息。若想輕鬆應對這些日常瑣事，你需要提升記憶力，改善這種介乎短期與長期記憶之間的混合信息。

小測試

完成下面的小測試，即時為你的中期記憶功能評級。

1

你試過上班後才發現忘記帶手提電話嗎？

很少 / 有時 / 經常
（答「很少」得2分，答「有時」得1分）

2

你試過在出門前花時間尋找鑰匙嗎？

很少 / 有時 / 經常
（答「很少」得2分，答「有時」得1分）

3

你在出發前用網上地圖查看了步行路徑，出發後如不再次查看地圖，你能順利到達目的地嗎？

能 / 不能
（答「能」得1分）

4

你試過購物回家後才發現沒買本來打算買的東西嗎？

很少 / 有時 / 經常
（答「很少」得2分，答「有時」得1分）

5

當在你知道聖誕節前郵寄國際郵件的最後限期後，你會記得按時寄出明信片嗎？

會 / 不會
（答「會」得1分）

6

你試過去到超市才發現忘了帶購物清單嗎？

很少 / 有時 / 經常
（答「很少」得2分，答「有時」得1分）

你的分數：　　 / 10

0-3分： 你在日常生活中的記憶較弱，幸好這一章的技巧和題目可以幫你改善問題，請好好練習吧。

4-7分： 你在日常生活中的記憶達至一般水平，請繼續努力，利用這一章的題目提升記憶水平。

8-10分： 你在日常生活中的記憶相當出色，這一章可以讓你維持良好的記憶表現。

1 購物測試

你能在沒有購物清單的情況下買到需要的物品嗎？請用30秒看看右面的物品，然後蓋上所有資料，並舉出8種花朵，再在橫線上寫出你記得的物品。

1 _____   5 _____

2 _____   6 _____

3 _____   7 _____

4 _____   8 _____

你的分數：　　／1（全部答對得1分）

牛奶　　雞蛋　　薄餅
草莓
貓糧　　香蕉　　洗衣粉　　洗髮水

技巧：記憶房子系統

記憶房子系統是一套記憶工具。你須將房子劃分成不同房間，然後把需要記憶的物品放入房間，以令人印象深刻的視覺想像聯繫物品與房間。例如下面的房子裏，每個房間都擺放着你要購買的物品，包括：意粉、羊排、廁紙、肥皂、吞拿魚和紅酒，以讓你產生一種視覺聯繫。請用2分鐘觀察房子，然後蓋上它，並等待5分鐘，再在另一張紙上寫出購物清單。

頭髮像意粉的女孩
閣樓
卧室　　浴室
羊排在牀上　　浴缸裏有肥皂
客廳　　廚房
沙發上有廁紙　　吞拿魚在釣魚
地下室
大猩猩玩紅酒

---

2 自製記憶房子

你可利用下圖來練習記憶房子系統。請想像把清單裏的物品放入房間，組成一個特別的畫面。完成後蓋上所有資料，然後等待2分鐘，並在橫線上寫出物品。

- 橙
- 清潔劑
- 焗豆罐頭
- 蛋糕
- 蠟燭
- 茶包
- 急凍豌豆

1 _____   5 _____

2 _____   6 _____

3 _____   7 _____

4 _____   你的分數：　　／1
（全部答對得1分）

連結系統利用強大的想像力建立記憶聯繫，以令人意想不到的方式連結你想記住的東西。下面的例子展示你如何通過想像、連結，然後記住購物清單的內容。

技巧：連結系統

魚 ＋ 煙肉 ＋ 冬甩

這些是你需要購買的物品。

步驟①
為每件物品創造有趣的圖像：有手的魚、跳舞的煙肉、冬甩氣球。

步驟②
現在連結各個圖像，組成一個令人印象深刻的畫面：魚拿着冬甩氣球，跟煙肉一起跳舞。

3 有趣的連結

你的購物清單上有檸檬、朱古力、牛奶、麵包和紅蘿蔔，下面是根據這些物品創造出來的有趣圖像。你可以想像一個畫面，把全部物品連結起來嗎？現在請蓋上所有資料，並舉出8個外國城市，然後嘗試喚起你想像的畫面，以回憶清單上的物品，再在右面的筆記紙上寫下來。

你的分數： ／ 1
（全部答對得1分）

4 連結生活

你可以在做家務或預約時應用連結系統，比如把下面的事物化成圖像，然後連結起來，並在空格內寫或畫出你想像的畫面。現在請蓋上所有資料，等待5分鐘後試試說出這些事物。

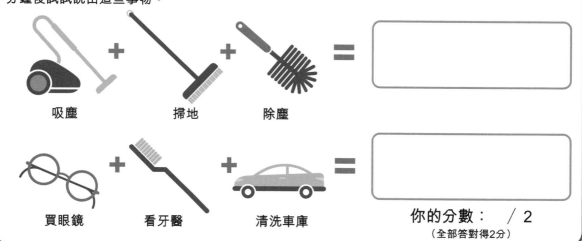

吸塵　　　　　掃地　　　　　除塵

買眼鏡　　　看牙醫　　　清洗車庫

你的分數：　／ 2
（全部答對得2分）

把一連串詞語中幾個詞語的字首拼合，可組成一個縮略詞，例如「世衞」就是世界衞生組織的縮略詞。購物前，你也可以把所需物品的字首組成一個簡單的縮略詞。假設你要買蘋果、水餃、薑和蜂蜜，就能組成「蘋水薑蜂」這個縮略詞，這時你可以記住「萍水相逢」來幫助記憶。請把下面野餐用品的字首組成一些令人深刻的縮略詞，並在空格內寫下來。（參考答案在第181頁。）

餐具　杯碟　麵包　草莓　朱古力

技巧：縮略詞

5 有趣古怪的縮略詞

下面是五金用品店的購物清單，請練習以縮略詞的技巧，創造一些富有畫面的詞語，並把它深深記在腦海中。完成後蓋上清單，舉出8種蔬菜，然後在橫線上寫出清單內容。（參考答案在第181頁。）

斧頭　鎚子　鋸刀
油漆　繩子　匙圈
扣針　膠水

1 ＿＿＿＿＿
2 ＿＿＿＿＿
3 ＿＿＿＿＿
4 ＿＿＿＿＿
5 ＿＿＿＿＿
6 ＿＿＿＿＿
7 ＿＿＿＿＿
8 ＿＿＿＿＿

你的分數：　／ 2
（全部答對得2分，答對7個得1分）

技巧：藏字記憶法

藏字記憶法可以運用在句子或詩句中，例如以購物清單物品的其中一個字來組成一個句子或詩句，這就稱為藏字句。只要背熟這個簡單的藏字句，就能記住你需要的物品。例如「我無帶防水泳帽。」就是由沙灘用品組成：毛巾、大型太陽傘、防曬霜、水桶、泳衣和帽子。請以藏字記憶法記住要買的蛋糕工具和材料，並寫在空格內。（參考答案在第181頁。）

糖、麵粉、牛油、雞蛋、
檸檬、漏斗、藍莓

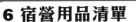

6 宿營用品清單

你即將參加宿營，收拾行裝時得確保沒有漏掉任何東西。請以藏字記憶法記住右面的物品，並寫在空格內。完成後蓋上所有資料，在橫線上寫出宿營用品清單的內容。

1 ＿＿＿＿＿＿＿＿＿＿＿

2 ＿＿＿＿＿＿＿＿＿＿＿

3 ＿＿＿＿＿＿＿＿＿＿＿

4 ＿＿＿＿＿＿＿＿＿＿＿

5 ＿＿＿＿＿＿＿＿＿＿＿

6 ＿＿＿＿＿＿＿＿＿＿＿

7 ＿＿＿＿＿＿＿＿＿＿＿

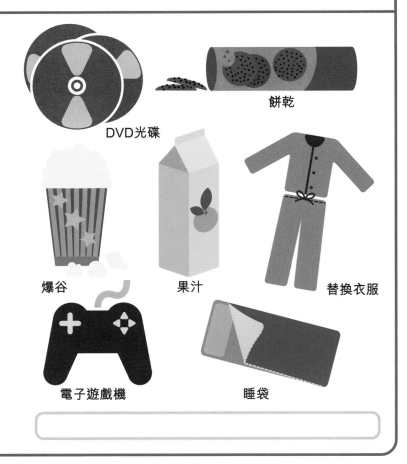

DVD光碟

餅乾

爆谷

果汁

替換衣服

電子遊戲機

睡袋

你的分數：　　／2
（全部答對得2分，答對6個得1分）

7 藏字聖誕節清單

聖誕節快到了，聖誕老人收到姐姐寄給他的願望清單。為了確保不忘掉任何一件禮物，請替他靈活組合這些物品的文字，拼湊成簡單有趣的藏字句，並寫在空格內。完成後蓋上所有資料，等待5分鐘，然後在橫線上寫出清單內容。

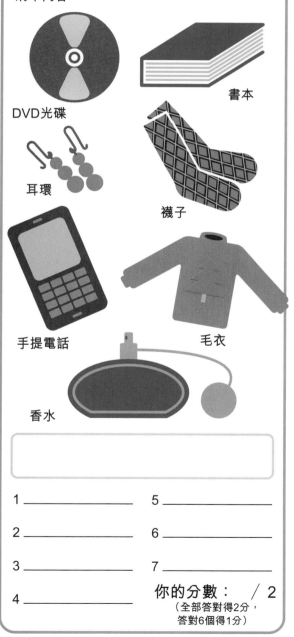

DVD光碟

書本

耳環

襪子

手提電話

毛衣

香水

1 _____ 5 _____

2 _____ 6 _____

3 _____ 7 _____

4 _____

你的分數：　／2
（全部答對得2分，
答對6個得1分）

8 任務清單

未來的一星期你會很忙碌，為了記住要完成的任務，請靈活組合這些任務的文字，拼湊成藏字句，並寫在空格內。完成後蓋上所有資料，舉出8個卡通人物的名字，然後在橫線上寫清單內容。

看電影

收拾衣物

參加派對

看醫生

溫習英文

上數學補習班

清潔家居

1 _____ 5 _____

2 _____ 6 _____

3 _____ 7 _____

4 _____

你的分數：　／2
（全部答對得2分，
答對6個得1分）

記憶釘是一個非常有效的記憶工具，利用已有的記憶（釘）創造一系列有趣的畫面。你可以發揮想像力，把釘釘住你需要記憶的事物（例如購物清單或默書單詞）。這個方法的理論是：因為你很熟悉這些釘，所以可以輕易喚起被釘住事物的記憶，從而記得所有事物。一旦創造了一套屬於自己的記憶釘系統，那就像擁有一個可以廣泛應用的工具箱，隨時與各種事物建立起圖像記憶的聯繫。記憶釘有許多種類，當我們要記憶不太熟悉的英文單詞或句子時，就可以試試用英文字母記憶釘，下面的步驟就是利用字母表首3個字母創造的記憶釘。

需要記住的物品：
- oranges 橙
- penne 長通粉
- cheese 芝士

步驟①
為每個字母分配一個以該字母開頭的物品，這些物品就是你的記憶釘。

a for ant **b for ball** **c for car**

步驟②
把步驟①的記憶釘釘在各個要記的物品上，組合成視覺圖像。

ant
螞蟻

車 car

步驟③
當你需要記住一大堆事物，不妨用盡A至Z這26個英文字母來建立記憶釘，為每個字母創造視覺圖像，從而記住被釘住的事物。只要記住英文字母記憶釘，就能輕鬆地喚起自己的回憶！

技巧：英文字母記憶釘

9 旅行記憶釘

你可運用英文字母記憶釘記住旅行時要帶的行李，例如以d（d for dog）作為記憶釘來記住flip flops（人字拖鞋），視覺圖像就是小狗叼住拖鞋的模樣。請以英文字母記憶釘記住右面的行李清單，然後蓋上圖片和清單，等待5分鐘，再在橫線上順序寫出各個英文單詞。

行李清單：
- money（錢）
- passport（護照）
- sunglasses（太陽眼鏡）
- toothbrush（牙刷）
- camera（相機）
- clothes（衣服）

1 _____

2 _____

3 _____

4 _____

5 _____

6 _____

你的分數：　／ 2
（全部答對得2分，答對5個得1分）

10 社區設施記憶釘

現在再次運用英文字母記憶釘，來記住社區裏不同的設施。例如以c（c for car）作為記憶釘來記住bridge（橋），視覺圖像就是一輛車駛過橋。請以英文字母記憶釘記住下面的社區設施清單，然後蓋上圖片和清單，舉出5種你喜歡的零食，再在橫線上順序寫出各個英文單詞。

1 _____

2 _____

3 _____

4 _____

5 _____

6 _____

7 _____

8 _____

社區設施清單：
- park（公園）
- streetlight（街燈）
- subway（行人隧道）
- mailbox（郵箱）
- pavement（行人道）
- mall（商場）
- fountain（噴水池）
- playground（遊樂場）

你的分數：　／ 2
（全部答對得2分，答對7個得1分）

數字押韻記憶釘是另一套有效的記憶系統，但這次用的釘是數字，而非英文字母。即先為每個數字記憶釘附上一個跟它押韻的字，然後把這些字與要記的內容聯繫在一起，組合成視覺圖像。

技巧：數字押韻記憶釘

需要記住的物品：

- 橙
- 長通粉
- 芝士

步驟①

想出一個跟數字押韻的字，例如1對應「咳」，2對應「師」，3對應「餡」，如此類推。

步驟②

把數字記憶釘連結要記住的物品，組合成視覺圖像。例如「咳」的時候媽媽會給你做燉橙，老「師」在吃長通粉，麵包的「餡」是芝士。

步驟③

透過回憶以數字押韻記憶釘創造的視覺圖像，就能喚起對這些物品的記憶。

11 家務記憶釘

現在以媽媽每天要做的家務，來練習運用數字押韻記憶釘。請按順序將數字記憶釘分配給不同的家務，創造出有趣的聯繫。例如以8對應「髮」，你便可以想像坐在浴缸裏洗頭髮的畫面。請以數字押韻記憶釘記住右面的家務清單，然後蓋上圖片和清單，等待5分鐘，再在橫線上順序寫出清單內容。

家務清單：

- 吸塵
- 抹地
- 倒垃圾
- 洗碗碟
- 晾曬衣服
- 收拾雪櫃
- 更換牀單
- 清洗浴缸

1 ＿＿＿＿＿＿

2 ＿＿＿＿＿＿

3 ＿＿＿＿＿＿

4 ＿＿＿＿＿＿

5 ＿＿＿＿＿＿

6 ＿＿＿＿＿＿

7 ＿＿＿＿＿＿

8 ＿＿＿＿＿＿

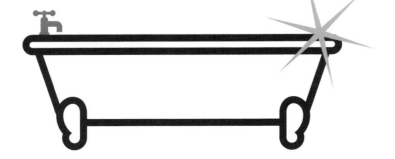

你的分數：　　／ 2

（全部答對得2分，答對7個得1分）

12 上學用品

正如第一章提及的分組記憶，將物品簡單分類有助快速記憶物品。之前的訓練只需要將兩項物品配對成一組，現在你需要把兩個以上的物品整合為一個類別。請把右面的物品按照應放置的地方分為3類，分別放入運動背包、午餐盒袋或書包。完成後蓋上清單，舉出8種昆蟲，然後在空格內寫出代表物品的英文字母。

物品清單：
A. 運動鞋
B. 襪子
C. 球拍
D. 護腕
E. 蘋果
F. 果汁
G. 三文治
H. 葡萄
I. 功課
J. 課本
K. 筆盒
L. 顏色筆

你的分數： ／ 2

（全部答對得2分，答對10 - 11個得1分）

13 超市購物

我們還可以將購物清單的物品按照超市貨架的位置來分類。請把下面的物品按照應放置的貨架分為3類——飲品、水果與蔬菜或冷凍食品。完成後蓋上清單，舉出8種動物，然後在空格內寫出代表物品的英文字母。

購物清單：
A. 檸檬水
B. 冷凍薯條
C. 葡萄
D. 瓶裝水
E. 馬鈴薯
F. 雪糕
G. 葱
H. 黑加侖子汁
I. 冰塊
J. 罐裝汽水
K. 西瓜
L. 冷凍蝦

你的分數： ／ 2

（全部答對得2分，答對10 - 11個得1分）

14 月街

記住方向和路線是一件困難的事，但若利用有趣的圖像幫助記憶，便會簡單得多。請記住下面的路線指示，然後蓋上所有資料，等待5分鐘，再在橫線上順序寫出正確的地標名稱。

① 在夜鶯大道轉左

② 沿着月街向前走

③ 在花園道轉右

④ 在凍肉店轉右

⑤ 沿着法國街向前走

⑥ 在牛扒屋轉左

⑦ 在壁街轉右

1 _____　5 _____

2 _____　6 _____

3 _____　7 _____

4 _____　你的分數：　／ 1
（全部答對得1分）

15 羅盤方位圖

你可以為前、後、左、右4個方向創造一套獨特的記憶圖像系統，比如以羅盤方位圖來建立系統的話，西就能令人聯想到西部牛仔，可用這圖像來代表左面。而東代表右面、北代表前面和南代表後面，請為這些方向創造記憶圖像，並在空格內畫下來。

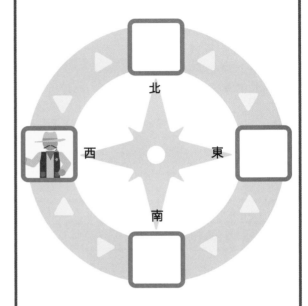

現在透過把方向和地標想像成圖像，記住下面的路線指示。完成後蓋上指示，倒轉唸出你和家人的名字，並在橫線上寫出正確的路線。

① 左轉至塔街。
② 穿過楓樹山莊旁的十字路口。
③ 右轉至雲街。
④ 左轉至衛斯理花園。
⑤ 穿過聖保羅廣場。

1 _____　4 _____

2 _____　5 _____

3 _____　你的分數：　／ 1
（全部答對得1分）

16 左和右

當你要記住一連串方向時，可利用這個小技巧來幫助記憶：「轉左再轉左」記住「連左」，「轉左再轉右」記住「左鄰右里」，「轉右再轉左」則記住「左右顛倒」。請記住下面一連串方向，然後蓋上它，舉出8種衣物，再在地圖上畫出正確的路線。

> 右左；左右；右左，右右。

答案在第181頁。

你的分數：　／ 1
（路線正確得1分）

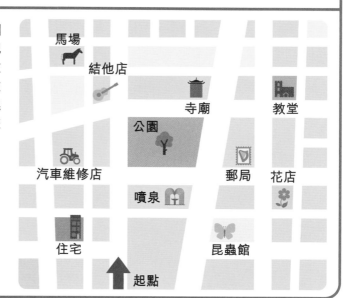

馬場

結他店

寺廟　　教堂

公園

汽車維修店　　郵局　花店

噴泉

住宅　　昆蟲館

起點

17 路線指示

當你要記住一連串路線指示時，可把整條路線分為幾個部分，然後逐一記住。這時還可利用縮略詞的方法，將指示中的方向和地標化成簡單的詞組，例如「轉左至暢連路，再轉右至鉛街」便可化成「左暢右鉛」。請記住右面一連串路線指示，然後蓋上它，再試試在地圖上導航，看看能記住多少個指示。

你的分數：　／ 2
（全部答對得2分，答對7個得1分）

①沿着貝麗街向東走。
②在第四個路口右轉至石磚里。
③在右面第一個路口右轉至施街。
④穿過十字路口。
⑤左轉至底萬大道。
⑥在第二個路口右轉至皇后廣場。
⑦穿過廣場進入國王街。
⑧在第三個路口右轉至加菲街。

貝麗街

石磚里　　北

賴德小徑

加菲街　　施街　　城堡街

鉛街

國王街　　皇后廣場　　底萬大道　　暢連路　　時代廣場

洗衣街

18 尋找鑰匙

對很多人來說，每天記得帶鑰匙已經是日常挑戰，更何況是尋找鑰匙。請快速回答下面的問題：你的這些鑰匙現在在哪裏？把答案寫在橫線上。

1 _____

2 _____

3 _____

4 _____

1. 大門鑰匙　　2. 學校儲物櫃鑰匙　　3. 房門鑰匙　　4. 單車鎖鑰匙

19 鑰匙王國

利用有趣的視覺圖像，把鑰匙和放置的地方聯繫起來，有效改善你對鑰匙的記憶。請用30秒記住下面4條鑰匙放置的地方，然後蓋上所有資料，說出五大洋的名稱，再在橫線上寫出正確的位置。

1 _____

2 _____

3 _____

4 _____

1. 花瓶裏　　2. 雨傘架旁的掛鈎　　3. 擺放儲物盒的櫃子上　　4. 放針線盒的抽屜裏

你的分數：　　／ 1（全部答對得1分）

20 創意鑰匙

這次由你來發揮創意！右面是4條鑰匙放置的地方，請在另一張紙上寫或畫出令人印象深刻的視覺圖像，幫助你記憶。完成後蓋上所有資料，計算這一章中小測試和第1至19題合共的分數，再在橫線上寫出正確的位置。

1 _____

2 _____

3 _____

4 _____

1. 房門的門框上。

2. 櫥櫃的罐子裏。

3. 客廳櫃子的抽屜，與護照和外幣放在一起。

4. 大門旁的掛鈎，靠近鞋架的地方。

你的分數： ／ 1
（全部答對得1分）

秘訣 ↑

如果每天把鑰匙放在固定的地方，那就永遠不需要尋找它！選一個好位置（例如走廊牆上的掛鈎），並提醒自己在回家後馬上把鑰匙掛好。如果你一時忘記了，待記起時必須儘快掛起來。久而久之便會成為習慣，再也不會弄丟鑰匙。

總分：

／ 40

 金獎
（30 - 40分）

你的記憶表現卓越，能幫助你面對日常的挑戰。持續練習視覺聯想的技巧，能讓你充分發揮表現。

 銀獎
（10 - 29分）

你在處理日常記憶時表現一般，不妨看看第178頁的挑戰，並重溫這一章的秘訣和技巧。

 銅獎
（0 - 9分）

記憶力欠佳讓你在處理日常瑣事時感到吃力，不妨試做第178頁的挑戰，然後重做這一章的題目。

★ 請翻到第178頁，完成挑戰。

第四章

我家的汽車在哪裏？

重點訓練：中期記憶

我家的汽車在哪裏？

在短期和長期記憶之間有一個過渡的階段，稱為中期記憶。這時的信息只是暫時儲存着，尚未進行編碼。任何你記住超過1分鐘但少於1星期的信息，都屬於這個類別。

小測試

完成下面的小測試，即時為你的中期記憶功能評級。

1

你在星期一預約了星期五看醫生，並把預約時間寫在記事簿上，但你很少查看這本簿。你將會如期去看醫生嗎？

肯定會 / 或許不會

（答「肯定會」得1分）

2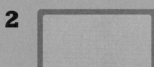

你最愛的電視節目幾天後會推出新一季，但你沒有設定錄下這個節目。你會記得觀看嗎？

會 / 不會

（答「會」得1分）

3

你有試過和家人把車停泊在多層停車場內，數小時後回來時找不到你們的車嗎？

甚少 / 有時

（答「甚少」得1分）

4

星期五的車站廣播提醒你下星期列車班次會有時間變動。在下個星期一，你會在新的時段還是舊的時段乘車？

新的 / 舊的

（答「新的」得1分）

5

你聽到一首喜歡的歌曲，並打算下載來聽。你會在下次聽到時才意識到自己忘了下載嗎？

會 / 不會

（答「不會」得1分）

6

你記得5天前的晚餐吃了什麼嗎？

記得 / 不記得

（答「記得」得1分）

你的分數： ／ 6

0-2分：中期記憶功能欠佳代表你很容易在第二天就把事情忘掉，真困擾！請放心，這一章會提供很多秘訣和技巧，助你提升記憶水平。

3-4分：你的中期記憶功能達至一般水平，但尚有改進的空間。請完成這一章的訓練，並特別留意提供的技巧，看看你能否更進一步。

5-6分：你的中期記憶功能非常出色，甚少錯過預約時間、忘記要做的事或停車的位置。請利用這一章的訓練磨練你的能力，以新的記憶策略來維持水平吧！

1 通話紀錄

這個鍛煉中期記憶的方法很方便，那就是回想最近有誰致電給你。請在橫線上寫出最近5個致電給你的人，完成後才查看電話核對答案。

1 _____

2 _____

3 _____

4 _____

5 _____

你的分數：　 ／5
（每個正確答案得1分）

2 晚餐日記

你還記得最近幾天的晚餐吃了什麼嗎？請在橫線上寫下來，完成這本晚餐日記，測試你的中期記憶水平。完成後，你可以請家人一起核對答案。

昨天　：_____

2天前：_____

3天前：_____

4天前：_____

5天前：_____

你的分數：　 ／6
（答對5天前的晚餐得2分，答對其他各得1分）

3 電視廣告

記住電視播放的廣告，有效提升你的中期記憶。請在看電視時記下5段廣告，並在第二天的同樣時間在橫線上寫下來。

1 _____

2 _____

3 _____

4 _____

5 _____

你的分數：　 ／5
（每個正確答案得1分）

旅程記憶法是一套記憶釘系統，能幫助你記憶清單上的物品。你可以創作或利用真實的旅程來做釘，然後把旅程中各個場景分別釘住不同的物品。當你決定好旅程後，便要發揮想像力，把各個場景聯繫需要記憶的物品，融合為一個有趣的畫面。例如下面的旅程第一站是號角之門，由一隻獅鳥把守着，你可試試把要記住的東西融入這個畫面。要成功釘住，你必須熟悉這段旅程，現在就來練習吧！請記住這6個虛幻的場景，等待5分鐘，然後回憶起來。

① 獅鳥把守着號角之門。

② 恐懼森林有妖精出沒。

③ 睡眠草原開滿了罌粟花。

④ 吊橋下面是無底深淵。

技巧：旅程記憶法

⑤ 果醬護城河包圍着青銅堡壘。

⑥ 紅色鯉魚在冰瀑布下游泳。

4 神奇的旅程

請利用剛才在技巧背熟的旅程（或採用你自身的經歷），記住下面6個任務。每項任務已經和旅程記憶釘組合出有趣的畫面，例如第一項是接送婆婆，那就可想像婆婆被一隻獅鳥帶走。理解並記住這些畫面後請蓋上所有資料，舉出8種貨幣，再在橫線上寫出各項任務。

①接送婆婆

②看牙醫

③買禮物

④檢查汽車輪胎

⑤致電朋友

⑥給植物澆水

1 _____   4 _____

2 _____   5 _____

3 _____   6 _____

你的分數： ／1
（全部答對得1分）

5 停車場內勿驚慌

請利用旅程記憶法記住汽車停泊的位置，你可以想像出有趣的畫面來幫助記憶。完成後蓋上所有資料，等待5分鐘，再在圖中圈出正確的位置。

停泊位置：綠色樓層，E區，13號停車位

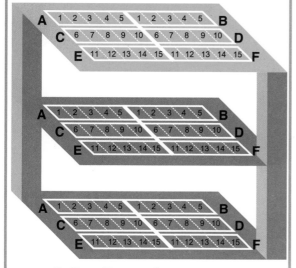

你的分數：　　／ 1（答對得1分）

6 來來去去

你剛剛搬了家，因此需要熟悉新的社區環境。請利用旅程記憶法記住附近的地標，然後蓋上地標清單，舉出8種海洋動物，再在橫線上寫出正確的地標。

地標清單：

①火車站
②大會堂
③警察局
④游泳池
⑤公園
⑥迴旋處

1 _____

2 _____

3 _____

4 _____

5 _____

6 _____

你的分數：　　／ 1
（全部答對得1分）

7 樓層平面圖

建築物中不同的地方也可以成為旅程記憶釘，右面就是把學校中的各個房間和課本的書名聯繫起來。請想像出有趣的畫面來記住這些課本，然後蓋上所有資料，舉出8部迪士尼電影，再在橫線上寫出正確的書名。

1 _____　　　4 _____

2 _____　　　5 _____

3 _____　　　6 _____

你的分數：　　／ 1
（全部答對得1分）

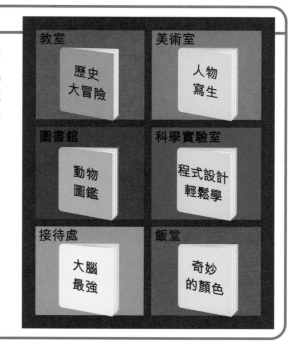

星期一至日中，每天也可作為一個記憶釘。首先，你要替這7個記憶釘逐一構想出獨特的畫面。這些畫面可以跟日子的字形、讀音或意思有關，例如把星期一聯想為香腸，因為香腸的外形跟「一」相似；星期二聯想為雙胞胎，因為「二」和「雙」的意思相同；星期三聯想為山，因為「三」和「山」讀音相近；星期四聯想為眼睛，因為「四」就像橫放的「目」；星期五聯想為手，因為手有5隻手指；星期六聯想為牛，因為代表6的手勢像牛角；星期日則聯想為太陽。構想好畫面後，便可以用來記住未來一周各天需要做的事情。記憶時必須發揮想像力，把事情和日子的畫面聯繫起來，例如你在下星期二要參加世界環境日的活動，那就可以想像一對雙胞胎拿着地球。請利用上述記憶釘（或由你來設計）來記住下面的事情，來練習一下吧！

星期一　小提琴課

星期二　世界環境日活動

星期三　網球比賽

星期四　到圖書館還書

星期五　看電影

8 上課時間表

新學年剛剛展開，你每天早上8時開始上課。請把星期一至五的記憶釘和課堂內容聯繫起來，記住每天第一節課是什麼。完成後蓋上時間表，説出8個老師的名字，再在橫線上寫下來。

時間表

星期一：體育課　　星期四：圖書課
星期二：英文課　　星期五：數學課
星期三：中文課

時間表

星期一：＿＿＿＿＿＿＿＿＿

星期二：＿＿＿＿＿＿＿＿＿

星期三：＿＿＿＿＿＿＿＿＿

星期四：＿＿＿＿＿＿＿＿＿

星期五：＿＿＿＿＿＿＿＿＿

你的分數：　　／ 1
（全部答對得1分）

若想把中期記憶變成長期記憶，你可以做這個練習：在腦海中展開旅程，把平日的經歷化成畫面。假設你在放學回家的路上，身處非常熟悉的街道。請試着回想沿路看到的地標，預計每個地標之間需要步行多久。當你經過不同的地方時，可以把街道、商店和自然景觀的名稱説出來。不妨説出更多細節，例如顏色、質感、聲音和氣味。

9 下周日程記憶釘

現在是星期日晚上，你需要記住下個星期要參加的各種活動。
請利用日子記憶釘創造視覺圖像，記住下星期進行的活動。到
了第二天早上，在橫線上寫出正確的日程。

星期一：參觀建築博物館
星期二：幫媽媽打掃地毯
星期三：參加足球比賽

星期四：到機場接機
星期五：交報告的限期

星期六：看舞台劇
星期日：一家人吃午餐

星期一：＿＿＿＿＿＿＿＿＿＿

星期二：＿＿＿＿＿＿＿＿＿＿

星期三：＿＿＿＿＿＿＿＿＿＿

星期四：＿＿＿＿＿＿＿＿＿＿

星期五：＿＿＿＿＿＿＿＿＿＿

星期六：＿＿＿＿＿＿＿＿＿＿

星期日：＿＿＿＿＿＿＿＿＿＿

你的分數：　　／2
（全部答對得2分，答對6個得1分）

10 糊塗遊學團

只要善用事情的特點，便可與日子
記憶釘製造獨特的畫面。你參加的
五天遊學團中，每天都有由不同老
師負責的活動。請根據右面的資料
建立有趣的視覺聯繫，然後蓋上所
有資料，等待5分鐘，再在橫線上
寫出正確的活動。

星期一：參觀墨汁廠（龐老師）

星期二：參觀電視塔
（譚老師）

星期一：＿＿＿＿＿＿＿＿＿＿

星期二：＿＿＿＿＿＿＿＿＿＿

星期三：＿＿＿＿＿＿＿＿＿＿

星期四：＿＿＿＿＿＿＿＿＿＿

星期五：＿＿＿＿＿＿＿＿＿＿

星期三：參觀絲帶廠
（戴老師）

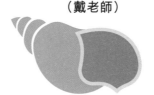

星期四：到海灘拾貝殼
（凌老師）

星期五：採摘草莓
（艾老師）

你的分數：　　／2
（全部答對得2分，答對4個得1分）

時鐘記憶釘系統對記住某個時間非常有效。這系統是利用鐘面上的數字來做記憶釘，聯想出令人深刻的圖像。這些圖像可與數字本身有關，也可跟鐘面上的位置有關。看看下面的時鐘，「12」的圖像是北面；「4」的圖像是正方形，因為它有 4 條邊。然後你可以展開聯想，把要做的事情和時間記憶釘聯繫起來，創造有趣的圖像。例如你12時要去看醫生，那就可以想像一個針筒指着北面。請記住下圖的時鐘記憶釘，然後創作屬於你的版本。完成後舉出8種賀年用品，再説出你創作的記憶釘。

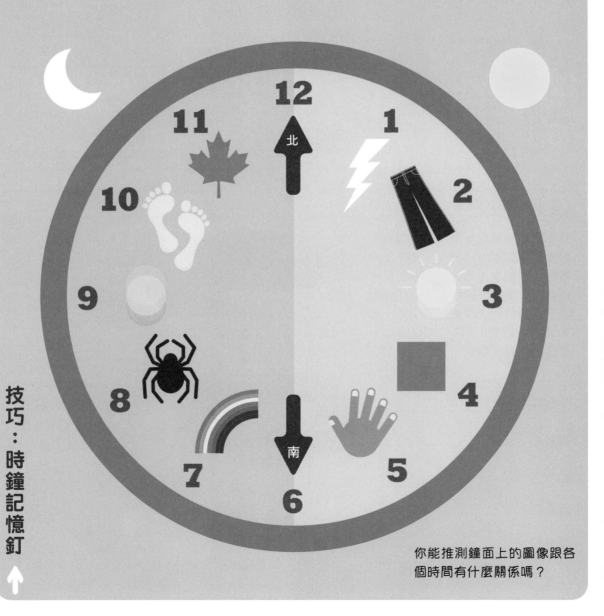

技巧：時鐘記憶釘

你能推測鐘面上的圖像跟各個時間有什麼關係嗎？

11 詳細的日程

請利用時鐘記憶釘，用2分鐘記住7件媽媽明天上班要做的事情。完成後蓋上資料，舉出5種恐龍的名稱，再在橫線上寫出各件事情。

9 am ：市場部會議

10 am：產品推銷

11 am：季度業績公告會

12 pm：接受電視訪問

2 pm ：跟客戶見面

3 pm ：接待員的求職面試

4 pm ：團隊聚會

9 am ：＿＿＿＿＿＿＿＿＿＿

10 am：＿＿＿＿＿＿＿＿＿＿

11 am：＿＿＿＿＿＿＿＿＿＿

12 pm：＿＿＿＿＿＿＿＿＿＿

2 pm ：＿＿＿＿＿＿＿＿＿＿

3 pm ：＿＿＿＿＿＿＿＿＿＿

4 pm ：＿＿＿＿＿＿＿＿＿＿

你的分數：　／ 2
（全部答對得2分，答對6個得1分）

12 即日放映

你打算今晚去看電影，但是你只匆匆看了一眼附近幾間戲院的電影放映時間表。請用2分鐘記住各部電影在何時何地放映，然後蓋上時間表，舉出5部電視劇，再把答案說出來。

5 pm ：電影屋放映《紅玫瑰》

7 pm ：星之影院放映《聖誕老人大戰外星人》

8 pm ：皇室電影院放映《空中貴族》

11pm ：英倫電影院放映《星級廚師》

你的分數：　／ 4
（每個正確答案得1分）

13 要吃藥了

你生病時要吃很多藥，而服用每種藥物的時間都不同。請利用時鐘記憶釘，用1分鐘記住下面的服藥時間。完成後蓋上資料，在另一張上寫出5部你喜歡的電影，再在橫線上寫出服藥時間。

藍色藥丸：
11 am和4 pm ＿＿＿＿＿＿＿＿＿

紅色藥丸：
2 pm ＿＿＿＿＿＿＿＿＿

眼藥水：
8 am、12 pm和4 pm ＿＿＿＿＿＿＿＿＿

綠色膠囊：
9 am和6 pm ＿＿＿＿＿＿＿＿＿

你的分數：　／ 4
（答對每種藥物的所有時間得1分）

14 電視節目表

為了準時收看喜歡的電視節目，你必須同時使用時鐘及日子記憶釘。例如逢星期一晚上7時會播放連續劇，那就可以想像香腸（星期一的記憶釘）溜下一道彩虹（7時的記憶釘）一般的滑梯。請把時間和日子聯繫成畫面，用2分鐘記住下面節目的播放時間。完成後蓋上所有資料，舉出5種蔬菜，再在橫線上寫出正確的播放時間。

星期一 8 pm：
家庭圈子

星期二 7 pm：
賽馬世界

星期三 8 am：
環球新聞

星期四 9 pm：
觀鳥王國

星期六 10 am：
美味廚房

星期日 2 pm：
漫遊花園

1

2 _____

3 _____

4 _____

5 _____

6 _____

你的分數：　／ 2
（全部答對得2分，答對5個得1分）

15 節日慶典

你喜歡的6個樂隊會在音樂節中表演，而你絕不想錯過任何一場！請利用時鐘及日子記憶釘記住音樂節的日程，然後蓋上所有資料，舉出 8 種水果，再在橫線上寫出各個樂隊的表演時間。

星期五 2 pm：
黑莓首腦

星期五 8 pm：
錐力非凡

星期六 6 pm：
頭巾樂隊

星期六 9 pm：
蜜糖扇

星期日 8 pm：
港產音樂

星期日午夜：
雙面紳士

1

2 _____

3 _____

4 _____

5 _____

6 _____

你的分數：　／ 2
（全部答對得2分，答對5個得1分）

16 奧運賽事摘要

期待已久的奧運下星期便舉行，你又怎能錯過喜歡那些運動項目的賽事呢？請利用時鐘及日子記憶釘，用1分鐘記住不同運動項目的進行時間。完成後蓋上所有資料，舉出5種球類運動，再在橫線上寫出各項賽事的時間。

星期五 9 am：
男子200米跨欄

星期三 1030 am：
男子網球

星期四 1 pm：
女子100米游泳

星期四 6 pm：
女子鉛球

星期一 11 am：
女子射箭

星期日 7 pm：
男子重量級柔道

1 _____   5 _____

2 _____   6 _____

3 _____

4 _____   你的分數： ／ 1
（全部答對得1分）

17 郵輪假期

你參加了為期一周的郵輪假期，船上有許多不同的活動和節目。請利用時鐘及日子記憶釘，用2分鐘記住下面的活動時間表。完成後蓋上所有資料，舉出七大洲的名稱，再在橫線上寫出正確的活動資料。

星期日 8 am：
郵輪歡迎茶會

星期一 正午：
泳池健身操

星期三 2 pm：
甲板擲環遊戲

星期二 11 pm：
劇場歌舞表演

星期四 6 am：
早晨珊瑚浮潛

星期五 10 pm：
船長酒吧卡拉OK

星期六 5 pm：
進階舵手繩結班

1 _____   6 _____

2 _____   7 _____

3 _____

4 _____   你的分數： ／ 4
（答對7個：4分；答對6個：3分；答對5個：2分；答對4個：1分）

5 _____

總分： ／ 50

 金獎
（40 - 50分）

你的中期記憶讓你能隨時迎接日常中的挑戰，只要持續利用這一章的秘訣和策略訓練，就可以把中期記憶一直維持在最高水平。

 銀獎
（20 - 39分）

你的中期記憶表現良好，但若多加改善，對你生活各方面都會有幫助。請看看第178頁的挑戰，然後再嘗試這一章較難的題目。

 銅獎
（0 - 19分）

你的中期記憶會給你帶來困擾，不妨試做第178頁的挑戰，然後重做這一章的題目。

★ 請翻到第178頁，完成挑戰。

69

第五章

去年夏天我做了什麼？

重點訓練：長期記憶

去年夏天我做了什麼？

長期記憶有很多不同的形態：在你的人生中發生過的事件是傳記記憶；記錄大家都知道的事實與概念需要依靠語意記憶；運用像綁鞋帶這些技能知識，就屬於程序記憶。

小測試

完成下面的小測試，即時為你的長期記憶功能評級。

1

你記得5年前去過哪裏旅行嗎？

記得 / 不記得
（答「記得」得1分）

2

你記得上一次搬家前住在哪一條街嗎？

記得 / 不記得
（答「記得」得1分）

3

你記得前年任教常識科那位老師的名字嗎？

記得 / 不記得
（答「記得」得1分）

4

學校公布了期末考試時間表，你記得考試的日期和時間，還是需要寫下來？

記得 / 寫下來
（答「記得」得1分）

5

你看完向朋友借的書後記得還給他嗎？

記得 / 不記得
（答「記得」得1分）

6

你的朋友告訴你幾個月後舉行的派對日期，你即使不寫下來也能記住日期嗎？

能 / 不能
（答「能」得1分）

你的分數：　　/ 6

0-2分：你的長期記憶較弱，這一章的訓練和技巧可以幫助你擴展記憶空間，改善你的記憶表現。

3-4分：你的長期記憶表現達至一般水平，但這代表你有機會忘記一些重要的經歷。通過這一章的訓練，你能更了解自己的強項和弱點。

5-6分：你的長期記憶相當出色，應該可以輕鬆完成這一章的訓練，而從中學到的秘訣和技巧也能把你的記憶維持在最佳水平。

1 回憶當年

有人認為每個人都有嬰兒經驗失憶，即失去3到4歲以前的記憶。讓我們把記憶推至極限，在下面的空格內寫出5段最早的回憶。

2 人生時間線

一起沿着人生時間線，來一場回憶之旅！為你每一段回憶評分，在橫線上寫出0分（完全不記得）至5分（清楚記得）。

回憶：

_____ 第一次上學前班

_____ 小學入學面試

_____ 幼稚園畢業禮

_____ 小學開學第一天

_____ 第一次考試

_____ 第一次自己上學

_____ 第一次出國旅行

_____ 學會游泳

_____ 學會踏單車

_____ 中學開學第一天

你的分數： / 10

（首先把回憶各評分相加再乘以10，得出結果①；然後把你經歷過的回憶數目加起來乘以5，得出結果②；最後把①除以②，就能計算出這一題的分數。）

3 家庭樹

家族的歷史是組成傳記記憶的重要部分。請參考下面的家庭樹，在另一張紙上盡量畫出屬於你的家庭樹，看看可以追溯至多久遠的歷史。

太公/曾祖父	太婆/曾祖母	太公/曾祖父	太婆/曾祖母	太公/外曾祖父	太婆/外曾祖母	太公/外曾祖父	太婆/外曾祖母

爺爺/祖父	嫲嫲/祖母	公公/外公	婆婆/外婆

爸爸	媽媽

你

即使是一些對過去沒什麼記憶的人，當他們嘗試回憶，過去的畫面還是會如潮水湧現。其中一個有效的策略是回憶時逐一探索各個感官的記憶：當時的氣味是什麼？周圍有沒有聲音？請參考下面的圖片，嘗試喚起跟這兩個經歷類似的旅行回憶。

技巧：探索感官

第一次去海邊度假

第一次外國旅行

4 來自過去的記憶

你可以為下面這些事件補充感官記憶嗎？

上一次旅行　　上一次參加結婚典禮　　去年生日　　上一次在餐廳吃飯

你的分數：　　／8

（每個事件寫出5個感官記憶得2分，寫出4個得1分）

對一些人來說，記住認識不深的朋友和遠房親戚的名字非常困難。如你在幾年後要再跟這些人見面，就可運用這個技巧。建議你選取一個耳熟能詳的故事，然後把一眾親朋戚友的臉孔和名字跟故事中的角色聯繫起來，創造出有趣的畫面。請利用《白雪公主》裏的角色來記住下面5個朋友的名字，然後蓋上所有資料，等待5分鐘，再說出這些朋友的名字。

開心果 = 翠詩

王子 = 阿文

萬事通 = 傲琛

瞌睡蟲 = 家雲

白雪公主 = 寶珠

技巧：分配角色 ↑

5 創造角色

只要使用著名電影、書籍或漫畫裏的角色，你也可以創造出屬於自己的角色名單。請利用你創造的角色名單，用3分鐘發揮想像，跟下面人物的名字和特徵聯繫起來。完成後蓋上所有資料，舉出5種農場動物，再在橫線上寫出各人的名字。

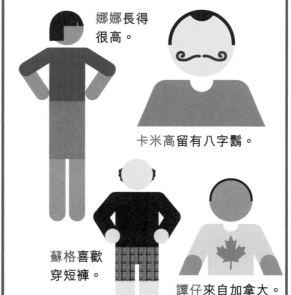

娜娜長得很高。

卡米高留有八字鬍。

蘇格喜歡穿短褲。

譚仔來自加拿大。

雪妮有6個兄弟。

伊迪過去常給你糖果。

1 _____   4 _____

2 _____   5 _____

3 _____   6 _____

你的分數： ／ 2
（全部答對得2分，答對5個得1分）

當你要記住預約事項和日期時，就跟記住一般已知事實和概念的記憶過程很相似，都需要使用語意記憶。正如其他記憶釘系統，這裏說明的月份記憶釘同樣是通過生動有趣又熟悉的畫面來幫助你進行編碼和喚起回憶。

一年當中的月份很適合用來做記憶釘，因為它們有固定的順序，方便記憶。你可以參考下面的月份記憶釘圖像，這些圖像與月份的季節或該月的節日活動有關。假如你想記住五月跟同學去郊遊，那就能想像你們在一片代表母親節的鬱金香田裏野餐。請記住下面12個記憶釘，然後蓋上所有資料，倒序背出英文字母表，再把這些記憶釘說出來。

技巧：月份記憶釘 ↑

八月

五月

十月

十二月

一月：蛋
（一月一日是元旦。）

二月：朱古力
（情人節會送朱古力。）

三月：下雨
（三月代表常下雨的春天。）

四月：平安包
（農曆四月是太平清醮。）

五月：鬱金香
（母親節在五月。）

六月：小孩子
（六月一日是國際兒童節。）

七月：書
（香港書展在每年7月舉行。）

八月：旅行
（放暑假當然要去旅行！）

九月：山
（農曆九月是登高的重陽節。）

十月：煙花
（國慶日會放煙花。）

十一月：紅葉
（秋天漫山長滿紅葉。）

十二月：禮物
（十二月會收到聖誕禮物。）

秘訣 ↑

留下清晰具體的記憶線索，一直以來都是非常有效的記憶增強策略。無論是留下便條，還是在繩子綁結，抑或其他更具創意的事物，都可以幫助你加深記憶的畫面，以免記憶衰退。

6 我的月曆

嘗試利用月份記憶釘，記憶右面6個重要的事件。完成後蓋上所有資料，舉出5種雪糕口味，再在橫線上出這些事件。

1 _____

2 _____

3 _____

4 _____

5 _____

6 _____

你的分數： ／ 1
（全部答對得1分）

2月：
幫鄰居餵貓

3月：
校慶日

5月：
我的生日

9月：
開學日

10月：
法國之旅

11月：
看足球比賽

7 繪畫日記

你能否利用月份記憶釘，把即將要做的事項和時間變成讓人印象深刻的圖像？請根據下面的資料聯想出簡單而有趣的圖像，並在日記上畫出來。完成後蓋上這些圖像，再說出事項的內容和時間。

換季大減價：4月
房子大掃除：7月
汽車展覽會：8月
種植水仙花：10月

8月

7月

10月

4月

你的分數： ／ 1
（全部答對得1分）

8 生日天書

如果有人的生日剛好在某些特別的日子，你很輕易就能記住。例如花姨姨的生日在10月31日，而這天正好是萬聖節，那就可以想像一朵長得像南瓜燈的花來代表她的生日。請通過生動有趣的圖像，用2分鐘來記住下面親戚的生日。完成後蓋上所有資料，回答右面的問題，把答案寫在橫線上。

星宇表哥的生日在12月31日，那天有除夕煙花匯演。

樂樂表弟的生日在11月11日，是代表第一次世界大戰結束的和平紀念日。

波叔叔的生日在12月25日，他會收到聖誕卡還是生日卡？

① 波叔叔在哪天生日？
② 誰的生日在12月31日？
③ 樂樂表弟在哪天生日？

1 _____

2 _____

3 _____

你的分數：　／ 1
（全部答對得1分）

9 生日之神

有一套更為實用的記憶系統可以同時記住月份和日子，就是結合月份記憶釘和數字押韻記憶釘。例如你經常忘記貝貝表妹的生日在5月3日，假設你5月的記憶釘是「鬱金香」，而3的記憶釘是「簪」，那就可以想像貝貝表妹頭上插着鬱金香作髮簪。結合兩個記憶釘，呈現一個令人印象深刻的畫面。請利用你創作的記憶釘來記住下面的生日日期，然後蓋上所有資料，倒背你家的電話號碼，再在橫線上寫出各人正確的生日日期。

貝貝表妹：5月3日　　優子表姐：4月25日
偉林表弟：8月13日　　紗雅堂姐：11月27日
美晴姨姨：3月8日

1 _____

2 _____

3 _____

4 _____

5 _____

你的分數：　／ 1
（全部答對得1分）

10 紀念日大師

結合月份和數字押韻記憶釘不僅可以幫你記住生日，還可以用來記住其他人生中的重要時刻。請利用你創作的記憶釘來想像，用2分鐘記住下面的紀念日。完成後蓋上所有資料，等待5分鐘，再在橫線上寫出正確的紀念日。

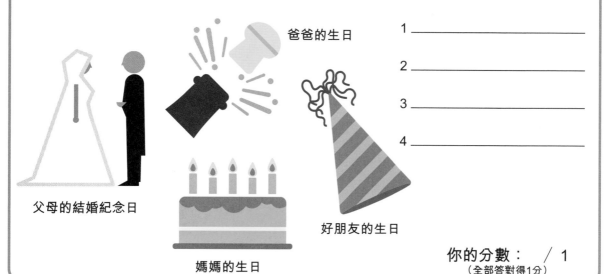

爸爸的生日

父母的結婚紀念日

好朋友的生日

媽媽的生日

1 _____

2 _____

3 _____

4 _____

你的分數： ／ 1
（全部答對得1分）

11 閱讀日期

每本書你都會寫上閱讀的日期，以計算這一年看了多少本書。請結合月份和數字押韻記憶釘來記住下面6本書的閱讀日期，然後蓋上資料，舉出8種海洋生物，再在橫線上寫出正確的日期。

《迷失世界》：1月10日　　　《金銀島》：8月1日
《八十日環遊世界》：2月4日　　《最後的戰士》：9月2日
《巴斯克維爾的獵犬》：4月6日　《科學怪人》：11月8日

於1月10日
閱讀

1 _____

2 _____

3 _____

4 _____

5 _____

6 _____

你的分數： ／ 1
（全部答對得1分）

12 結繩記事

程序記憶也屬於長期記憶，主要儲存關於「如何」而非「什麼」的記憶。當你學習一項技能或一套動作時，例如踩單車和駕駛飛機，這都是在形成長期的程序記憶。實用又有趣的技能訓練均是鍛煉程序記憶的好方法，比如練習打繩結。請準備兩條繩或線，長度最少為30厘米，然後跟着右面簡單的步驟，打出一個雙漁人結（用於接駁兩條繩）。重複練習6至7次，在第二天再次嘗試打這個繩結，你能正確打出來嗎？

你的分數：　　／ 1
（正確打出繩結得1分）

① 把繩的左右兩端對齊。

② 在繩A的一端打結，形成小圈，然後將繩B穿過去。在另一端將繩B打結，形成小圈，再將繩A穿過去。

③ 把繩的兩端拉緊，使兩個結向中間靠攏，形成兩個「×」的形狀。

13 結繩秘訣

運用程序記憶時不僅在鍛煉大腦，還能學到實用的技能，例如學習繫木結（用於把繩繫在柱子或圓環上）。請準備一條繩或線，然後跟着下面的步驟打結。重複練習5至6次，在第二天再次嘗試打這個繩結，你還記得多少個步驟呢？

① 把繩搭在圓環上，再拿起繩的一端。

② 穿過圓環。

③ 搭在繩的另一端上面。

④ 繞到後面穿出來，形成半結。

⑤ 再次繞到後面。

⑥ 穿出來，形成第二個半結。

⑦ 拉緊繩的兩端，完成繫木結。

你的分數：　　／ 2
（記得全部步驟得2分，記得4-6個步驟得1分）

14 摺企鵝

學習摺紙企鵝可以訓練你的程序記憶，真是好玩又實用！你需要5張正方形的紙，注意紙的一面是白色，另一面則是較深的顏色，這樣摺出來才像企鵝。請跟着下面的步驟摺5次，然後在腦海中回憶摺法，你還記得多少個步驟呢？

① 把紙深色那面對摺，形成三角形。

② 沿虛線向下摺，另一邊也要摺。

③ 兩邊保持摺疊，展開紙張。

④ 把底部的三角形向上摺。

⑤ 把頂部的小三角形向後摺，形成企鵝頭。

⑥ 左右對摺。

⑦ 把頭提高，完成紙企鵝。

你的分數：　／ 2
（記得6-7個步驟得2分，
記得4-5個得1分）

15 摺紙杯

現在要提高摺紙難度，挑戰比較複雜的紙杯。請跟着下面的步驟摺5次，然後在腦海中回憶摺法，你還記得多少個步驟呢？

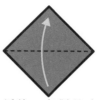 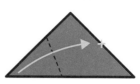

① 紙的一角對着自己，然後上下對摺。

② 把左面的小三角形向右摺，尖端剛好碰到邊緣。

③ 把右面的小三角形向左摺，兩邊對齊。

④ 頂部有底面兩個三角形，先把面的摺下來。

⑤ 把底的三角形向後摺。

⑥ 從頂部拉開兩個三角形，完成杯子。

你的分數：　／ 3
（記得5-6個步驟：3分；
記得3-4個步驟：2分；
記得1-2個步驟：1分）

總分：
／ 40

 金獎
（30-40分）

你的長期記憶擅長記住大大小小的細節，請善用你的天賦，把你的傳記記憶一一記錄在紙上吧。

 銀獎
（10-29分）

你的長期記憶表現一般，請隔幾天後再次挑戰這一章的題目。這次你的記憶應該會稍有改善，能記住更多內容。

 銅獎
（0-9分）

你的長期記憶尚餘大量空間，未來應繼續改善信息編碼的能力。你亦可以通過訓練傳記記憶，填補記憶的空白。

★ 請翻到第178頁，完成挑戰。

第六章

腦海撈針

重點訓練：密碼記憶

腦海撈針

　　記憶一連串密碼可不是一件容易的事，尤其是現在密碼設定的準則變得越來越嚴格。這一章可以幫助你設定安全而易記的密碼，同時提供一些秘訣，讓你能牢牢記住這些密碼。

小測試

完成下面的小測試，即時辨別你究竟是記憶新手還是密碼大師。

1

你可以記住所有密碼，還是需要寫下來？

記住 / 寫下來
（答「記住」得1分）

2

你的電郵、社交軟件或購物帳號經常被系統封鎖嗎？

經常 / 很少
（答「很少」得1分）

3

你會把瀏覽器設定成自動記錄密碼嗎？

會 / 不會
（答「不會」得1分）

4

$****$

如果預設的密碼簡單如「password」或「1234」，你會更換成其他較複雜的密碼嗎？

會 / 不會
（答「會」得1分）

5

你有試過以家人或寵物的名字、生日日期，還有你家的地址作為密碼嗎？

有 / 沒有
（答「沒有」得1分）

6

你有自己一套系統記住不同的密碼，還是每次都抱着僥倖的態度猜測密碼？

有系統 / 猜測
（答「有系統」得1分）

你的分數： ＿＿ / 6

0-2分：你對密碼的記憶不足以應付日常需求，為了成功記住密碼，你可能會選擇犧牲帳號的安全。這一章可以幫助你設計更容易記住的密碼，那就不用冒險了。

3-4分：你已很努力去記住所有密碼，這一章的秘訣和技巧可以幫助你改善記憶密碼的能力。

5-6分：你擅長記住密碼，但你有沒有同時兼顧帳號的安全？這一章涵蓋了所有記憶密碼的方法，請好好利用。

1 名字和日期

最方便用來做密碼的個人資料莫過於出生日期，還有名字的英文拼寫。只要結合親友的出生日期和他們名字的頭幾個英文字母（別用你自己的！），便可設計出安全的密碼。例如在 1956 年 2 月 15 日出生的Lam Ka Yan（林家欣）可以變成 LaKY2151956，或者 1956La15KY2。請在橫線上填上家人的資料，然後在另一張紙上設計密碼。

家人	名字	出生日期
爸爸	_____	_____
媽媽	_____	_____
爺爺/祖父	_____	_____
嫲嫲/祖母	_____	_____
兄弟姊妹	_____	_____

2 黑客密碼

Leet稱為「黑客語」，是一種特別的網絡語言，源自某個電腦軟件的高級用戶（名叫elite）。這套網絡語言的字母會由符號取代，使文字看起來像密碼一樣。後來這套語言被網絡黑客廣泛使用，便有了「黑客語」的稱號。黑客語很適合用於設定安全的密碼，請利用右面的語言轉換表，在橫線上寫出5組密碼。

你好，我是鬥牛犬（bulldog）。

① BULLDOG _____

② XYLOPHONE _____

③ BIRTHDAY _____

④ CHRISTMAS _____

⑤ HALLOWEEN _____

答案在第181頁。

A @	B l3	C (	D l)	E 3	F l=
G 9	H #	I !	J _l	K 1<	L 1
M lVl	N lVl	O *	P lO	Q O_	R l2
S $	T 7	U l_l	V V	W VV	X %
Y '/.	Z 2				

你的分數： ／ 1
（全部答對得1分）

秘訣 → 如果你真的需要寫下來才能記住密碼，那麼千萬不要直接抄寫密碼。你可以寫一個提示或問題，而答案只有你知道，別人卻會摸不著頭腦。假如密碼與家人有關，就可以寫下他的綽號或代表他的暗號，助你想起這個人的身分。

3 鍵盤層層疊

鍵盤上有一排數字，數字的下層是一串英文字母或符號。以下面的鍵盤為例，數字1的下層是Q、A和Z；數字6下方是Y、H和N。只要善用鍵盤，就能輕鬆地把數字變成密碼！首先選定一串數字，比如以重要的年份來做密碼，即1980年可變換成qazol.ik,p;/。請用這個方法把右面的數字轉化為密碼，並在橫線上寫出來。（注意鍵盤的設計可能各不相同，須按照你常用的鍵盤來建立這系統。）

數字	密碼
① 4046	_____
② 1979	_____
③ 2005	_____
④ 8238	_____

你的分數：　／ 1
（全部答對得1分）

答案在第181頁。

4 密碼基礎

即使每個密碼都很容易記住，但你怎麼知道不同網站和帳號分別使用哪個密碼呢？其中一個解決方法是全部使用同一個密碼基礎，然後根據不同的網站和帳號，在這個基礎上做調整。那就不用冒著安全風險，所有網站都使用相同的密碼。你只須記住密碼基礎，然後由網站本身來提供餘下的資訊。

密碼基礎建議以一些易記的事物來創造首字母縮略詞，例如俗語An Apple A Day Keeps Doctor Away（一日一蘋果，醫生遠離我）可縮略成AAADKDA；而與數字發音相近的單詞可以直接用阿拉伯數字來代替，例如Me Before You可以縮略成MB4Y。你還能使用你喜歡的書籍、電影或詩句來做密碼基礎呢！請用這方法把下面的文字改寫成密碼基礎，並寫在橫線上。

① All For One And One For All　_____

② I Am 16 Going On 17　_____

③ Three Blind Mice, See How They Run　_____

④ Around The World In 80 Days　_____

你的分數：　／ 1
（全部答對得1分）

答案在第181頁。

5 進階密碼

如果你的密碼基礎只有英文字母，而不包含任何數字，那麼為了讓密碼更安全，你最好還是加入一些數字。一個簡單又易記的方法是利用單詞的數量，例如英國童謠Tyger, Tyger, Burning Bright, In The Forests Of The Night可以改為10TTBBITFOTN（共10個單詞）。請用這方法把下面的文字改寫成密碼基礎，並寫在橫線上。

① Full Of The Joys Of Spring

_____

② How Sweet The Moonlight Sleeps Upon This Bank

_____

③ Harry Potter And The Chamber Of Secrets

_____

④ Santa Claus Is Coming To Town

_____

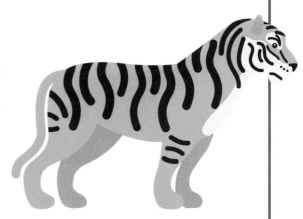

答案在第181頁。

你的分數：　　／ 1
（全部答對得1分）

6 修改密碼

現在來根據網站調整你的密碼基礎，你可以加入網址的前3個英文字母或數字。假設你的密碼基礎是10TTBBITFOTN，而網址是www.monkeybook.com，你的密碼便可修改為mon10TTBBITFOTN。請根據右面的網址，改寫10TTBBITFOTN這個密碼基礎，並寫在橫線上。

網址	修改後的密碼
① www.green.com	_____
② www.evensquare.com	_____
③ www.y3ksounds.org	_____
④ www.sunya.com.hk	_____

老虎也要買東西！

答案在第181頁。

你的分數：　　／ 1
（全部答對得1分）

7 交換英文字母

你可以設定規則，交換網址和密碼基礎中某些英文字母，例如第一、三、五個英文字母。假設密碼基礎是10TTBBITFOTN，而網址是www.oakdoor.com，便可用O取代T，K取代B，O取代I，使新的密碼變成10OTKBOTFOTN。請根據右面的網址，改寫10TTBBITFOTN這個密碼基礎，並寫在橫線上。

	網址	修改後的密碼
①	www.green.com	_____
②	www.evensquare.com	_____
③	www.y3ksounds.org	_____
④	www.sunya.com.hk	_____

答案在第181頁。

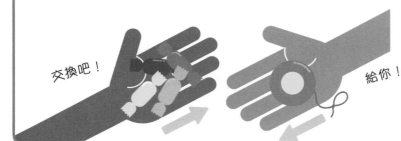

交換吧！

給你！

你的分數：　　／ 1
（全部答對得1分）

8 度身訂造

你可根據網站名稱第一個單詞的英文字母數量來調整密碼基礎，從而令密碼更安全。假設網站名稱是Sunya（新雅），共 5 個英文字母，便可抽取密碼基礎（10TTBBITFOTN）中首 5 個數字或英文字母，使新的密碼變成Sunya10TTB。這個密碼經修改後有一半來自網站，另一半來自密碼基礎。請根據右面的網站名稱，改寫10TTBBITFOTN這個密碼基礎，並寫在橫線上。

	網站名稱	修改後的密碼
①	Green	_____
②	STAR	_____
③	RunWay	_____
④	Fat Fat Food	_____

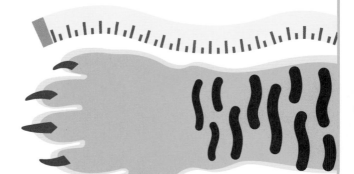

答案在第181頁。

你的分數：　　／ 1
（全部答對得1分）

9 設計密碼

請從前面的訓練中選取最適合你的方法，來為下面8個與假期相關的網站設計密碼，並寫在橫線上。完成後嘗試記住這些密碼，然後繼續完成其他題目。稍後，這一章會再考考你是否記得這些密碼。

① www.purplebank.com ——————

② www.hirebestcar.com ——————

③ www.grbook.com ——————

④ www.chooseyrhotel.com ——————

⑤ www.iloveclothes.com ——————

⑥ www.bookwithus.com ——————

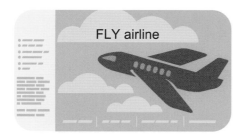

⑦ www.flycheaply.com ——————

⑧ www.safeinsurance.com ——————

10 數字密碼

除了剛才看到形形色色的密碼外，還有一種叫個人識別碼（Personal Identification Number），可簡稱為PIN碼。這種密碼由4個或以上的數字組成，但一般常見的都是四位或六位。現在來測試你對記憶PIN碼的基本能力，請記住下面4個數，然後蓋上題目，等待至少1小時，再在橫線上寫出正確的數。

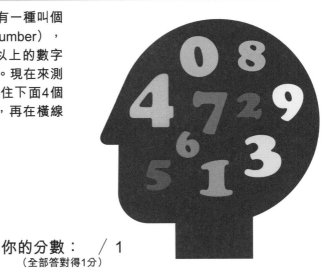

① 6012 ＿＿＿＿＿＿＿＿

② 5585 ＿＿＿＿＿＿＿＿

③ 100395 ＿＿＿＿＿＿＿＿

④ 17488 ＿＿＿＿＿＿＿＿

你的分數：　／ 1
（全部答對得1分）

11 倒轉鍵盤！

在第86頁第3題的「鍵盤層層疊」中，你試過把數字轉換成英文字母或符號。只要倒轉思維，善用下層的英文字母，那就可以助你記憶PIN碼。不過一串沒有意思的英文字母難以記憶，因此你得選取印象深刻的英文單詞。假如你要設定六位的PIN碼，你就可以選用自己最喜愛的顏色Purple（紫色），那麼PIN碼便是074093。請利用下面的鍵盤，找出右面英文單詞對應的PIN碼，並寫在橫線上。

英文單詞	PIN碼
①最喜愛的食物：cake	＿＿＿＿＿＿
②最喜愛的地方：park	＿＿＿＿＿＿
③最喜愛的動物：lizard	＿＿＿＿＿＿
④好朋友的名字：Elaine	＿＿＿＿＿＿

```
1  2  3  4  5  6  7  8  9  0  -
 Q  W  E  R  T  Y  U  I  O  P
  A  S  D  F  G  H  J  K  L  ;
   ~  Z  X  C  V  B  N  M  ,
```

答案在第182頁。

你的分數：　／ 1
（全部答對得1分）

12 成語解碼

如PIN碼是四位，那麼把它與一個成語連結起來，不失為不錯的記憶方法。你可以利用成語中每個字的筆畫數目來決定PIN碼，例如「不約而同」中各個字的筆畫分別是4、9、6、6，那就可以用「4966」作為PIN碼。如筆畫數目超過9，那就可採用該數的個位數字。 請破解下面各成語隱藏的PIN碼，並寫在橫線上。完成後等待30分鐘，再在另一張紙上寫下來。

成語	PIN碼
①平易近人	_____
②川流不息	_____
③千方百計	_____
④大開眼界	_____
⑤呼之欲出	_____

答案在第182頁。

你的分數： ／ 1
（全部答對得1分）

13 設計成語密碼

現在來創作屬於你的成語密碼！請在左面的橫線上寫出成語，然後在右面的橫線上寫出相應的PIN碼，並牢牢記住。完成後等待1小時，再在另一張紙上寫下來。

成語	PIN碼
① _____	_____
② _____	_____
③ _____	_____
④ _____	_____

你的分數： ／ 1
（全部答對得1分）

秘訣

一些較為現實的網絡安全專家認為假如只有兩個選擇：要麼使用不安全的密碼，要麼把密碼寫下來，那麼後者可能會更加安全。因為人們可以把寫下來的密碼藏在安全的地方，而且能判斷放置的地方有沒有威脅。不過，既然要寫下來，那最好寫至少一個隱晦的提示作為提醒。

14 字母配對

如果把PIN碼的4或6個數字轉換為英文字母，再加上你的想像力，那就可以成為有效的記憶工具。首先把數字0至9變換成前10個英文字母，即0對應A，1對應B，如此類推。接着，你需要替這些英文字母想出富有畫面的單詞，例如A for apple（蘋果），B for baby（寶寶）等等。最後把這些單詞分成兩組，並想像出有趣的圖像。若想更加容易記住，可以使用主題相關的英文單詞。

假設你的PIN碼是5106，對應的字母便是F（5）B（1）和A（0）G（6），這分別可組成「興趣」主題的踢足球（FOOT和BALL）及唱歌（*AMAZING GRACE*）。只要記住這兩個圖像，就能助你回憶起PIN碼了。請利用這技巧來記住下面的PIN碼，並把你想到的英文單詞和圖像寫在橫線上。完成後蓋上這些筆記，再在另一張紙上寫下來。

PIN碼	英文字母	英文單詞和圖像
① 4407	_____	_____
② 6383	_____	_____
③ 325109	_____	_____

15 進階字母配對

若只使用前10個英文字母，可供記憶的內容將會很有限。你可參考下面的表格，嘗試把所有英文字母都運用在這記憶技巧上。

0	1	2	3	4	5	6	7	8	9
A	B	C	D	E	F	G	H	I	J
K	L	M	N	O	P	Q	R	S	T
U	V	W	X	Y	Z				

請利用這個表格，找出這些單詞對應的PIN碼。完成後蓋上所有資料，等待5分鐘，再說出這些PIN碼。

英文單詞	英文字母	對應的PIN碼
① STAGE MIRROR / PLAY GUITAR	_____	_____
② WASH HANDS / CHECK TEMPERATURE	_____	_____
③ SUMMER BEACH PARTY / EAT ICE CREAM	_____	_____

你的分數：＿＿／1（全部答對得1分）

答案在第182頁。

16 PIN碼單詞

只要善用第15題的表格，就能把PIN碼設定為一個英文單詞，例如854427可以轉換成SPEECH（演講）。若你想不到只包含4或6個字母的英文單詞，那就可以用某個單詞的縮寫，例如5748可以轉換成PRES，即PRESIDENT（總統）的縮寫。請利用同樣的方法，轉換並記住下面的PIN碼。完成後蓋上你的筆記，在另一張紙上寫下8個作家的名字，再在橫線上寫出各個PIN碼。（參考答案在第182頁。）

PIN碼	英文單詞	PIN碼默寫
① 8203	_____	_____
② 3489	_____	_____
③ 0836	_____	_____
④ 438947	_____	_____
⑤ 570324	_____	_____

你的分數： ／ 3
（答對5個：3分；答對4個：
2分；答對3個：1分）

17 有趣的PIN碼

有些數字非常方便聯想，例如4可代表有4條邊的正方形。只要善用常見事物作為想像基礎，就能輕易創造出深刻的視覺圖像，而畫面當然越幽默越好啦！給你舉個有趣的例子，3365分別代表兩個三角形（33）和一個65歲的老爺爺（代入你出生那年爺爺的歲數）。結合這兩個元素，便可想像到一個老爺爺在踏着一輛三角形輪胎的單車。請為下面的PIN碼想像出生動有趣的視覺圖像，並寫在橫線上。完成後蓋住你的筆記，等待30分鐘，再説出正確的PIN碼。

PIN碼	視覺圖像
① 7213	_____
	_____
② 9249	_____
	_____
③ 1001	_____
	_____
④ 1865	_____

你的分數： ／ 1
（全部答對得1分）

18 數字諧音（中文版）

你可以利用0至9的諧音字組成不同的詞語或句子，以幫助記憶PIN碼，例如6036可轉換成「碌齡3局」（「碌齡」是「打保齡球」的口語說法）。請發揮創意來創作PIN碼，並寫在橫線上。完成後蓋上你的筆記，等待30分鐘，再在橫線上寫出正確的PIN碼。

6036

PIN碼	諧音詞語或句子	PIN碼默寫
① 四位：＿＿＿＿	＿＿＿＿＿＿＿＿＿	＿＿＿＿＿＿＿
② 四位：＿＿＿＿	＿＿＿＿＿＿＿＿＿	＿＿＿＿＿＿＿
③ 六位：＿＿＿＿	＿＿＿＿＿＿＿＿＿	＿＿＿＿＿＿＿
④ 六位：＿＿＿＿	＿＿＿＿＿＿＿＿＿	＿＿＿＿＿＿＿

你的分數：　／ 4
（每個正確答案得1分）

19 數字諧音（英文版）

若你有信心，那就不妨試試用英文版的數字諧音來記憶PIN碼。記憶方法跟中文版相似，首先想出數字0至9的諧音英文單詞，然後好像拼積木那樣，把這些單詞拼湊成句子，並在腦海中聯想出有趣的圖像。右面是數字和英文單詞的對照表，請利用它來破解下面的句子，並在橫線上寫出正確的PIN碼。

① Use shoes and thumbs to push open the gate to heaven.

② Superhero uses a stick to open door to reveal a hive.

③ Shoes that are best for your spine and knees are by the door.

PIN碼

① ＿＿＿＿＿　② ＿＿＿＿＿　③ ＿＿＿＿＿

你還可以運用自己熟悉的英文單詞，創作個人專用的對照表呢！

數字	諧音單詞
1	thumb（拇指）
2	shoe（鞋）
3	knee（膝蓋）
4	door（門）
5	hive（蜂巢）
6	stick（棍）
7	heaven（天堂）
8	gate（閘門）
9	spine（脊椎）
0	hero（英雄）

答案在第182頁。

你的分數：　／ 1
（全部答對得1分）

20 密碼重溫

你和家人早前在網上預訂了行程,準備一起到充滿陽光與海灘的地方度假。現在這個大日子終於來到!你需要使用在第89頁設計的密碼,再次登入這些網站,請按指示在橫線上寫下來。

你想參加這間公司的另一個遊覽活動,請輸入密碼來預訂。

www.bookwithus.com

_____

是時候辦理回程的登機手續,你記得這間航空公司的帳號密碼嗎?

www.flycheaply.com

_____

酒店找不到你的預訂資料,請登入你的帳號,找出確認預訂的信息。

www.chooseyrhotel.com

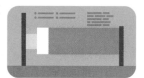

_____

你在飛機上把書看完了,你可以登入網上書店下載另一本書嗎?

www.grbook.com

_____

飛機延誤了,你想申請旅遊保險的賠償,請登入帳號查找保險單。

www.safeinsurance.com

_____

你的錢包被人偷了,你能在網上銀行提取金錢嗎?

www.purplebank.com

_____

爸爸明明預訂了大型家庭車,沒想到竟給了你們一輛小型汽車。請登入汽車出租網站,解決這個麻煩。

www.hirebestcar.com

_____

媽媽在網上商店訂來旅行穿的衣服這天才寄出,還弄錯了款式,請登錄網站要求退貨。

www.iloveclothes.com

_____

你的分數: ／ 8
(每個正確答案得1分)

總分:
／ 35

 金獎
(30 - 35分)

你對密碼和PIN碼的記憶相當出色,請持續訓練記憶技巧,力臻完美。

 銀獎
(20 - 29分)

你對密碼和PIN碼的記憶表現一般,尚有改善空間。請重溫這一章學到的記憶方法,並持之以恆地訓練。

 銅獎
(0 - 19分)

記住密碼和PIN碼對你來說似乎是個重大的挑戰,請重做這一章的題目。

★ 請翻到第178頁,完成挑戰。

第七章

溫習快線

重點訓練：事實資料記憶

溫習快線

在長期記憶中，有一類與個人經歷或感情無關的語意記憶，它主要用來儲存知識。所有事實、規則、意義和任何你學過的概念都會儲進語意記憶，在需要使用這些知識時才在這裏提取記憶。

小測試

你有沒有能力熟記測驗考試的內容，奪取高分？完成下面的小測試，即時為你的語意記憶水平評級。

1

你和同學參加了慈善問答比賽，你覺得自己在幫忙還是幫倒忙？

幫忙 / 幫倒忙

（答「幫忙」得1分）

2

若要評核學生的程度，你認為考試還是交功課比較合適？

考試 / 功課

（答「考試」得1分）

3

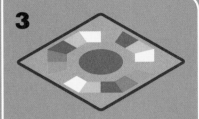

你玩益智問答遊戲時，通常是贏家還是輸家？

贏家 / 輸家

（答「贏家」得1分）

4

電子遊戲中心有一部常識問答遊戲機，只須付出幾枚硬幣便有機會得到豐厚的獎品。你會嘗試嗎？

會 / 不會

（答「會」得1分）

5

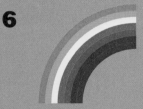

你看電視的知識問答節目時，你會在參賽者回答前喊出答案嗎？

經常 / 有時

（答「經常」得1分）

6

有人問你彩虹是如何形成的，你可以給予準確的答案嗎？

可以 / 不可以

（答「可以」得1分）

你的分數：　　／ 6

0-2分：你的知識儲備不足，請努力提升語意記憶的編碼和提取能力。

3-4分：你的語意記憶水平表現一般，這一章的訓練和挑戰可以讓你更進一步。

5-6分：你的語意記憶水平非常高，但學無止境，請善用這一章的訓練來精益求精。

1 測驗達人

只要考考你的常識，便能知道你的語意記憶水平如何。
請回答下面的問題，把答案寫在橫線上。

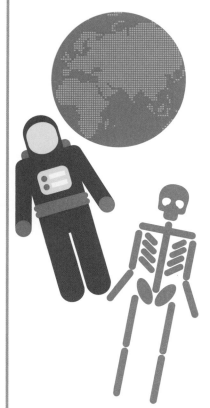

① 世界上人口第二多的是哪一個國家？ ＿＿＿＿＿＿＿＿

② 誰是創作《月光奏鳴曲》的作曲家？ ＿＿＿＿＿＿＿＿

③ 四大洋的名稱分別是什麼？ ＿＿＿＿＿＿＿＿

④ 發現萬有引力的科學家是誰？ ＿＿＿＿＿＿＿＿

⑤ 中國的四大發明是什麼？ ＿＿＿＿＿＿＿＿

⑥ 辛亥革命是在哪一年發生？ ＿＿＿＿＿＿＿＿

⑦ 誰是第一個登陸月球的人？ ＿＿＿＿＿＿＿＿

⑧ 成人、兒童還是嬰兒的骨頭比較多？ ＿＿＿＿＿＿＿＿

⑨ 哪一個國家的球隊贏得第一屆世界盃足球賽？ ＿＿＿＿＿＿＿＿

⑩ 誰是第一個獲得諾貝爾獎的香港人？ ＿＿＿＿＿＿＿＿

你的分數： ／ 10
（每個正確答案得1分）

答案在第182頁。

2 找關聯

相比起常識問答環節，其實還有更多更好的方法可測試你的語意記憶，例如運用你的知識，找出這些國家的共通點，並寫在橫線上。

日本

印尼

紐西蘭

新加坡

菲律賓

共通點是 ＿＿＿＿＿＿＿＿。

你的分數： ／ 3
（答對得3分）

答案在第182頁。

技巧：藏字記憶法（英文版）

你在第48頁已練習過藏字句這記憶工具，活用中文字來幫助記住某些事物，現在來試試進階的英文版！如果你需要記住一連串英文單詞，那就可抽取單詞的首字母來創作另一個較易記的句子。當你需要記住事物的順序時，這個工具特別有效。下面的例子展示了如何利用藏字記憶法來記住太陽系八大行星的順序。當你得到指示後，便會想起那個有趣的藏字句，而那些隱藏在句子中的事實資料就隨即在腦海呈現。

事實資料

以太陽為中心，八大行星的順序是水星（Mercury）、金星（Venus）、地球（Earth）、火星（Mars）、木星（Jupiter）、土星（Saturn）、天王星（Uranus）、海王星（Neptune）。

藏字句

My Very Easy Method: Just Sit Up Nights
（我的簡單方法就是晚上遲點睡。）

指示

按順序列出太陽系八大行星。

3 藏字記憶大挑戰

速度是關鍵！現在來運用快速記憶的技巧，挑戰更多藏字記憶法訓練。請利用下面3個藏字句，用30秒記住下面的事實資料。完成後蓋上資料，等待5分鐘，再按指示在橫線上寫出正確的順序。

事實資料的藏字句	指示	資料默寫
① 高音譜號由下至上5條線的音名是EGBDF，可用Every Good Boy Deserves Food來記憶	高音譜號由下至上的音名	_____ _____
② 升記號的音名順序是F C G D A E B，可用Fat Cat Go Down And Eat Bread來記憶	升記號的音名順序	_____ _____
③ 拼寫rhythm，可用Run Home and Yell To His Mom來記憶	拼寫表示節奏的英文單詞	_____ _____

你的分數：＿＿／1
（全部答對得1分）

技巧：調查背景資料 ↑

運用記憶法可以幫助你記住一小段信息，但當你要記很多東西時，就需要更全面的記憶策略。為了提升語意記憶水平，第一步應改善編碼過程。由於認識信息的背景資料，往往比記住單一信息更能令你加深印象。因此，了解額外資訊反而較易記住主要的信息。

右面有一則事實信息，以及另一則附有背景資料的信息。請閱讀兩則信息，然後蓋上資料，等待20分鐘，再嘗試説出來。那麼你就能親自證實，附有背景資料的信息較易記住。

事實信息

銀的化學元素符號是Ag。

附有背景資料的信息

鈉的化學元素符號是Na。Na是埃及文字Natron的縮寫，意思是鹽，因為鈉是構成鹽的主要成分。埃及人會使用鈉來讓屍體保持乾燥，製成木乃伊以便保存。

4 閱讀理解挑戰

請閱讀各項事實信息，並仔細查看背景資料，讓你更有效地進行編碼。完成後蓋上資料，等待5分鐘，再回答下面的問題，把答案寫在橫線上。

量度力的單位是牛頓（N）
這個單位是以科學家牛頓來命名，他解釋了動量守恆的原理，指出物體活動時能量不會消失，只會由一個物體傳給另一個。後來有人製作出右圖的「牛頓擺」，來證明牛頓的説法。

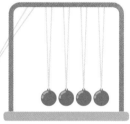

剛果共和國的首都是布拉柴維爾
布拉柴維爾以法籍意大利冒險家皮埃爾·薩沃尼昂·德·布拉柴（Pierre Savorgnan de Brazza）命名。布拉柴率領探險隊開闢了剛果河一帶的道路，為法國建立殖民地。

德伏札克是捷克作曲家
德伏札克的故鄉在波希米亞，當時屬於奧匈帝國。他小時候在布拉格的管風琴學校上學。

小測試

① 剛果共和國的首都在哪裏？ ＿＿＿＿＿＿＿＿

② 量度力的單位是什麼？ ＿＿＿＿＿＿＿＿

③ 德伏札克是哪個國家的作曲家？ ＿＿＿＿＿＿＿＿

你的分數： ／ 3
（每個正確答案得1分）

温習的關鍵在於方法！千萬不要嘗試背誦一大段文字，反而應通讀全文，標出關鍵句和重點字眼，然後只記住這些信息。右面是一篇摘錄自動物百科的蝙蝠資料，請仔細閱讀。

你可以從中找出下面的重點：
- 蝙蝠是唯一會飛的哺乳類動物。
- 雙翼的薄膜稱為翼膜。

技巧：關鍵句

蝙蝠是唯一擁有翅膀且具備飛行能力的哺乳類動物（與懂得滑翔的鼯猴不同）。蝙蝠雙翼的薄膜稱為翼膜，那是由背部和腹部的皮膚擴展而成，讓牠們能夠拍翼飛行。

5 找出關鍵句

右面是動物百科中關於蝙蝠的其他資料，請你從中找出5個關鍵句，寫在橫線上。完成後等待30分鐘，再嘗試說出各個重點。

1 ＿＿＿＿＿＿＿＿＿＿＿

＿＿＿＿＿＿＿＿＿＿＿

2 ＿＿＿＿＿＿＿＿＿＿＿

＿＿＿＿＿＿＿＿＿＿＿

3 ＿＿＿＿＿＿＿＿＿＿＿

＿＿＿＿＿＿＿＿＿＿＿

4 ＿＿＿＿＿＿＿＿＿＿＿

＿＿＿＿＿＿＿＿＿＿＿

5 ＿＿＿＿＿＿＿＿＿＿＿

＿＿＿＿＿＿＿＿＿＿＿

你的分數：　／ 2
（全部記得得2分，記得3 - 4個得1分）

蝙蝠是一個巨大的族羣，佔哺乳類動物將近四分之一，在數量上只僅次於齧齒目動物（即老鼠、松鼠等動物）。蝙蝠主要分布於熱帶及溫帶地區，較少出現在寒冷如極地那樣難以尋找食物的地區。不同種類的蝙蝠雙翼長短各有不同，狐蝠的翼展長達1.5米，而體形細小的凹臉蝠則只有15厘米。超過一半的蝙蝠是在夜間出沒，並以回聲定位捕捉獵物。蝙蝠是出色的捕獵者，能一邊飛一邊使用回聲定位探測四周。牠們會從喉部產生聲波，再通過鼻或口發出，並由鼻葉（如有）聚焦起來或控制方向。一旦聲波遇到獵物或障礙物反射回來，蝙蝠靈敏的耳朵就會接收到這些回聲，然後根據收到回聲的時間來判斷物件的大小和方位。

腦圖是常用的圖像式思維工具，既可提高學習和溫習的效率，又能促進記憶的編碼和提取過程。製作腦圖首先要在框內寫出主要信息或關鍵詞，然後就像樹幹長出許多樹枝一樣，用線聯繫其他相關的字眼或想法。每段信息還可附上圖片，以圖像幫助語意記憶形成。下面是關於戲劇的腦圖，閱讀後你也試試選一個主題來畫出腦圖吧！

技巧：腦圖記憶法

運用圖像記憶法，可以助你快速學習和記住各種事實資料。假設你的身高是1.8米，而最長的蟒蛇有5.4米，那就可以想像把3個你放在蟒蛇旁邊，而兩者的高度剛好一樣。把需要記憶的資料化成圖像後，你會更容易記住呢！

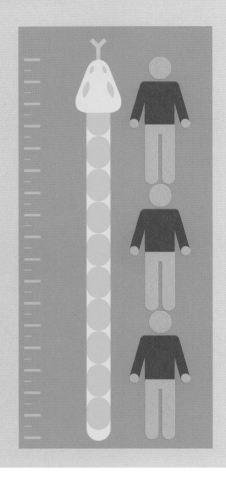

技巧：圖像記憶法 ↑

秘訣 ↑

有人認為重複記憶5次，就能把信息永久烙印在長期記憶中。不管這是不是真的，有規律地重溫信息的確有助加深記憶：起初需要頻密地重溫信息，其後可逐漸加長再次記憶的時間。例如在1小時後第一次重溫，然後一天後再次重溫，接着是一星期後。

6 科學？科幻？

請把各項資料化成圖像，然後蓋上資料。完成後等待10分鐘，再回答下面的問題，把答案寫在橫線上。

- 氮氣是空氣中含量最多的氣體。
- 恐龍在六千五百萬年前絕種。
- 距離太陽系最近的恆星是毗鄰星。
- 人類有接近50%的DNA與香蕉一致。
- 河流及湖泊佔地球不足0.007%的水儲量。

① ＿＿＿＿＿＿＿是空氣中含量最多的氣體。

② 恐龍在＿＿＿＿＿＿＿＿絕種。

③ 跟太陽系最接近的恆星是＿＿＿＿＿。

④ 人類與香蕉的DNA有約百分之＿＿＿是相同。

⑤ 河流及湖泊佔地球不足百分之＿＿＿的水儲量。

你的分數：　／ 5
（每個正確答案得1分）

記憶釘系統是由一系列圖像信息組成,詳情可看看第50、62、66和76頁。只要在身體不同部位標記數字,我們的身體也可用作記憶釘。當然你得記住每個部位對應的數字,才能發揮效用!順利的話,你便能記憶接近15件甚至更多物品。假設你需要記住管弦樂團使用的樂器,那就可以把第一件樂器(小提琴)與第一個身體記憶釘(頭部)聯繫起來,然後利用想像力創造有趣的畫面,例如把小提琴的f形音孔幻想成臉上的八字鬚。

請盡量記住下面的身體記憶釘,然後蓋上所有資料,再在另一張紙上順序寫出各個身體部位。

技巧:身體記憶釘

1 頭
2 眼睛
3 鼻子
4 耳朵
5 嘴巴
6 下巴
7 肩膀
8 胸部
9 手臂
10 手肘
11 手
12 手指
13 肚子
14 膝蓋
15 腳

7 戰爭大富翁

你正在玩戰爭大富翁,需要轟炸世界各國的首都。請把身體記憶釘和下面的首都聯繫起來,並為該地方創造視覺圖像。完成後蓋上資料,舉出5種樹的名稱,再在橫線上寫出正確的首都。

1 中國:北京
2 日本:東京
3 越南:河內
4 韓國:首爾
5 奧地利:維也納
6 葡萄牙:里斯本
7 俄羅斯:莫斯科
8 西班牙:馬德里
9 法國:巴黎
10 泰國:曼谷
11 德國:柏林
12 英國:倫敦
13 埃及:開羅
14 意大利:羅馬
15 菲律賓:馬尼拉

1 _____   9 _____
2 _____   10 _____
3 _____   11 _____
4 _____   12 _____
5 _____   13 _____
6 _____   14 _____
7 _____   15 _____
8 _____

你的分數: / 15
(每個正確答案得1分)

8 故事記憶釘

以人們耳熟能詳的故事來做記憶釘，對提升語意記憶大有幫助。你要先把故事順序分成不同的情節，然後與需要記憶的資料聯繫起來，創造能讓你能牢牢記住的畫面。請利用《龜兔賽跑》的故事，為澳洲的歷史資料創造視覺圖像。完成後蓋上資料，等待10分鐘，再在橫線上寫出正確的歷史。

澳洲的歷史
- 人類從印尼到達澳洲
- 發展澳洲土著文化
- 引入澳洲野犬
- 歐洲探險家發現澳洲
- 庫克船長登陸澳洲
- 建立英國殖民地
- 探察澳洲

《龜兔賽跑》
- 野兔嘲笑烏龜行動緩慢
- 烏龜向野兔挑戰
- 野兔領先
- 野兔睡懶覺
- 烏龜越過野兔
- 野兔睡醒了
- 烏龜贏得比賽

你的分數：　／9
（每個正確答案得1分，次序正確可額外得2分）

1 _____

2 _____

3 _____

4 _____

5 _____

6 _____

7 _____

9 世界各地的建築物

另一個與第8題相似的系統是旅程記憶釘（詳情可看看第62頁），那是以旅程中讓人記憶深刻的地點作為記憶釘，並創造視覺圖像來釘住需要記憶的信息。請記住右面7座著名的建築物，你可以利用熟悉的行程作為記憶釘，例如放學回家的路線。完成後蓋上資料，在另一張紙上寫出5條河流的名稱，再在橫線上寫出正確的建築物名稱。

- 羅浮宮
- 吳哥窟
- 大金字塔
- 自由女神像
- 悉尼歌劇院
- 聖家大教堂
- 羅馬競技場

1 _____

2 _____

3 _____

4 _____

5 _____

6 _____

7 _____

你的分數：　／7
（每個正確答案得1分）

10 世界文學名著

請選用這一章學到的其中一個技巧,來記住下面的世界文學名著。完成後蓋上資料,等待10分鐘,再在橫線上寫出正確的名著。

- 《變形記》
- 《唐吉訶德》
- 《百年孤寂》
- 《老人與海》
- 《動物農莊》
- 《戰爭與和平》
- 《少年維特的煩惱》

1 _____ 5 _____

2 _____ 6 _____

3 _____ 7 _____

4 _____

你的分數: ／ 7
(每個正確答案得1分)

11 動物探秘

請選用這一章學到的另一個技巧,來記住下面的瀕危動物。完成後蓋上資料,舉出5首你喜歡的歌,再在橫線上寫出正確的動物。

- 旋角羚
- 馬來穿山甲
- 北非白犀牛
- 侏三趾樹懶
- 小藍金剛鸚鵡
- 長江露脊鼠海豚
- 西部低地大猩猩

1 _____ 5 _____

2 _____ 6 _____

3 _____ 7 _____

4 _____

你的分數: ／ 7
(每個正確答案得1分)

總分:

／ 75

 金獎
(60 - 75分)

你就像一塊知識海綿,非常善於吸收新的信息,這一章的秘訣和技巧可以提升你的記憶效率。

 銀獎
(30 - 59分)

有些範疇的知識你不太擅長,這時候採用適合你的記憶技巧能夠提升效率。嘗試找出最適合你的記憶方法,堅持練習。

 銅獎
(0 - 29分)

學習並記住新的信息對你來說有點困難,請重溫這一章學到的技巧,改善記憶編碼和提取的能力。當你準備好,就重新挑戰這裏的訓練吧!

★ 請翻到第179頁,完成挑戰。

第八章
數字頭腦
重點訓練：基礎運算

數字頭腦

　　這一章重點訓練你的數學智能，包括基礎運算和比例，以至日常生活中遇到的數學問題。訓練期間請盡量運用心算，只在題目要求時才使用計算機。

小測試

你究竟是人體計算機還是算術災難？完成下面的小測試，即時為你的數學智能評級。

1

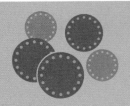

你到商店購買幾件商品時，是在等候付款期間已經知道找續多少零錢，還是需要收銀員告訴你總金額？

知道 / 等待

（答「知道」得1分）

2

在餐廳結賬時，你和朋友們打算分開付款。你接到賬單後，可以自己算出每人應付的金額，還是交由他人計算？

自己 / 他人

（答「自己」得1分）

3

在超級市場購買橄欖是以重量定價，當店員告訴你一盒橄欖的重量後，你能夠計算出它的價格嗎？

輕而易舉 / 毫不可能

（答「輕而易舉」得1分）

4

你的體重是以磅作單位，但是醫生需要你以公斤作為單位。若提供換算公式，你能夠不使用計算機算出答案嗎？

能夠 / 不能

（答「能夠」得1分）

5

如要計算五位數或以上的加法，你會心算還是要用紙筆列式計算？

心算 / 筆算

（答「心算」得1分）

6

盒子裏只剩下3個甜甜圈，但是有4個人想吃。你知道如何平均分這3個甜甜圈嗎？

知道 / 不知道

（答「知道」得1分）

你的分數：　　／ 6

0-2分：基礎運算為你的日常生活帶來困擾，甚至嚴重影響你的個人理財和財物安全。請完成這一章的題目，重點訓練你的運算能力，提升自信心。

3-4分：你的基礎運算能力達至一般水平，但仍然有改善空間，不妨多點鍛煉大腦的運算能力。

5-6分：你有出色的運算能力，但是心算的速度有多快？請繼續磨練自己，看看能否快速完成這一章的所有訓練。

1 算術101

請通過心算計算下面的算式，把答案寫在橫線上。

① 337 + 884 = _____

② 7,206 + 5,997 = _____

③ 543 − 297 = _____

④ 11,063 − 7,789 = _____

⑤ 63 × 9 = _____

⑥ 76 × 12 = _____

⑦ 121 ÷ 11 = _____

⑧ 91 ÷ 7 = _____

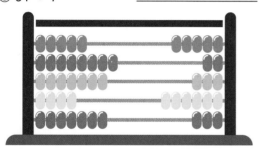

答案在第182頁。　　　你的分數：　/ 8
（每個正確答案得1分）

2 找續零錢

你是商店的收銀員，但是收銀機壞了。請計算每位顧客需要找續多少零錢，把答案寫在橫線上。

　　　　　　　　　　　　　　　　　　找續

① 顧客A購買了1包糖果（$7.80），他付了1張 $10的鈔票。　_____

② 顧客B購買了1枝潤唇膏（24元1角）、3個蘋果（10元3個）和1張明信片（8.5元），他付了1張100元的鈔票。　_____

③ 顧客C購買了1瓶水（$6.90）、1條朱古力棒（$8.70）、1份報紙（$5.00）和1本雜誌（$28），她付了3張 $20的鈔票。　_____

④ 顧客D購買了1瓶酒（$120）、一包香口珠（$15.90）、1包餅乾（$21.80）、1份報紙（$5.00）和1個粟米罐頭（$22.5），然後她付了2張$100的鈔票和$0.50的零錢。　_____

答案在第182頁。

你的分數：　/ 4
（每個正確答案得1分）

3 買哪一本好？

你在書店裏打算買3本書，但你只有$139.70。你夠錢買哪兩本書？收銀員會找續多少錢給你？

購買：_____

找續：_____

阿婆的秘密生活

$68

$72

熱茶與芝士

動物世界

$71

答案在第182頁。

你的分數：　/ 1
（全部答對得1分）

4 糖果謎題

糖果店櫃枱展示了5款糖果，玻璃罐上分別寫着每顆糖果的價格。你的預算是95元，那麼最多可以購買多少顆糖果？請把答案寫在橫線上。

薄荷硬糖	飛碟糖	檸檬硬糖	草莓軟糖	甘草糖
每顆3元 （剩餘5顆）	每顆6元 （無限供應）	每顆5元 （剩餘5顆）	每顆5元 （剩餘6顆）	每顆4元 （剩餘4顆）

最多可購買糖果 ＿＿＿＿＿ 顆。　　　答案在第183頁。

你的分數：　／ 1
（答對得1分）

5 你知道座標嗎？

我們可以用格網座標來辨別位置，圖中例子的座標就是在E5。請根據右圖，找出A至E各點的格網座標，寫在橫線上。

A ＿＿＿＿＿＿＿＿

B ＿＿＿＿＿＿＿＿

C ＿＿＿＿＿＿＿＿

D ＿＿＿＿＿＿＿＿

E ＿＿＿＿＿＿＿＿

答案在第183頁。

你的分數：　／ 1
（全部答對得1分）

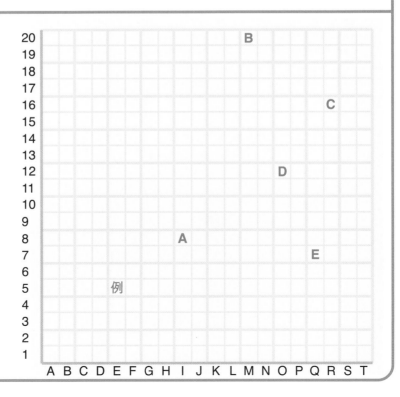

6 金幣寶箱

國王的寶庫中藏有兩個寶箱，其中一個是木箱，另一個則是沉重的鋼箱。他從木箱中拿取100枚金幣放入鋼箱。現在鋼箱裏的金幣數目是木箱的3倍。國王一共有2,000枚金幣。在移動金幣前，兩個寶箱原有多少枚金幣？請把答案寫在橫線上。

木箱裏原有 ＿＿＿＿＿＿ 枚金幣，鋼箱裏原有 ＿＿＿＿＿＿ 枚金幣。

答案在第183頁。

你的分數： ／ 1
（全部答對得1分）

7 排大小（一）

請把下面的分數由大至小排列，在橫線上順序寫出1至6。（最大是1，最小是6。）

① $\dfrac{3}{4}$ ＿＿＿＿＿＿

② $\dfrac{2}{3}$ ＿＿＿＿＿＿

③ $\dfrac{7}{8}$ ＿＿＿＿＿＿

④ $\dfrac{9}{16}$ ＿＿＿＿＿＿

⑤ $\dfrac{2}{5}$ ＿＿＿＿＿＿

⑥ $\dfrac{5}{15}$ ＿＿＿＿＿＿

答案在第183頁。

你的分數： ／ 1
（全部答對得1分）

8 排大小（二）

請把下面的分數由小至大排列，在橫線上順序寫出1至6。（最小是1，最大是6。）

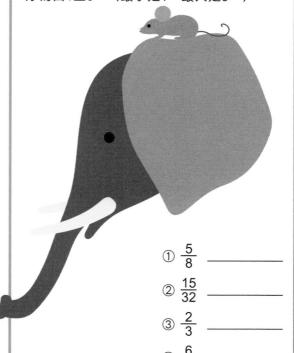

① $\dfrac{5}{8}$ ＿＿＿＿＿＿

② $\dfrac{15}{32}$ ＿＿＿＿＿＿

③ $\dfrac{2}{3}$ ＿＿＿＿＿＿

④ $\dfrac{6}{10}$ ＿＿＿＿＿＿

⑤ $\dfrac{9}{12}$ ＿＿＿＿＿＿

⑥ $\dfrac{8}{15}$ ＿＿＿＿＿＿

答案在第183頁。

你的分數： ／ 1
（全部答對得1分）

9 小數vs分數（一）

請把下面的小數和分數由大至小排列，在橫線上順序寫出來。

0.6　　　　0.3

$\dfrac{2}{3}$　　　0.8

$\dfrac{1}{4}$　　　$\dfrac{2}{6}$

1 _____　　4 _____

2 _____　　5 _____

3 _____　　6 _____

答案在第183頁。

你的分數：　／ 1
（全部答對得1分）

10 小數vs分數（二）

請把下面的小數和分數由大至小排列，在橫線上順序寫出來。

0.275

$\dfrac{2}{5}$

$\dfrac{7}{32}$

$\dfrac{11}{21}$

0.5

0.333

1 _____

2 _____

3 _____

4 _____

5 _____

6 _____

答案在第183頁。

你的分數：　／ 1
（全部答對得1分）

11 襪子謎題

德德有許多襪子：每6雙格紋襪子，就有9雙斑點襪子。如果德德的抽屜裏共有60雙襪子，那麼他有多少雙格紋襪子？請把答案寫在橫線上。

德德有 _____ 雙格紋襪子。

答案在第183頁。

你的分數：　／ 1
（答對得1分）

12 切薄餅

曉華把下面4個薄餅切開了，請用分數來表示各塊薄餅佔整個薄餅的幾分之幾，把答案寫在橫線上。

薄餅A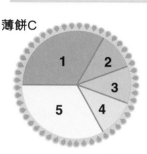

1 _____

2 _____

3 _____

薄餅B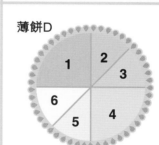

1 _____

2 _____

3 _____

4 _____

5 _____

薄餅C

1 _____

2 _____

3 _____

4 _____

5 _____

薄餅D

1 _____

2 _____

3 _____

4 _____

5 _____

6 _____

答案在第183頁。

你的分數： ／ 4
（整個薄餅答對得1分）

13 劇院的觀眾

劇院可容納160人，但今天的入場人數只佔四分之三，而當中有90人購買學生門票。持學生門票的觀眾佔百分之幾？請把答案寫在橫線上。

答案：_____ ％。

答案在第183頁。

你的分數： ／ 1
（答對得1分）

14 小兒子

有位女士說她3個兒子的平均年齡是8歲，而且3人的歲數均是10歲以下。她的小兒子最小可以是多少歲？請把答案寫在橫線上。

答案：_____ 歲。

答案在第183頁。

你的分數： ／ 1
（答對得1分）

15 請給我芝士

芝士店售賣的芝士是按重量計算定價，請算出右面各訂單的金額，把答案寫在橫線上。（1 kg = 1,000 g）

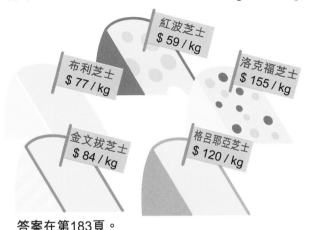

紅波芝士 $ 59 / kg

布利芝士 $ 77 / kg

洛克福芝士 $ 155 / kg

金文拔芝士 $ 84 / kg

格呂耶亞芝士 $ 120 / kg

訂單A

200g洛克福芝士

750g格呂耶亞芝士 _____

訂單B

700g紅波芝士

500g洛克福芝士

200g布利芝士 _____

訂單C

750g金文拔芝士

400g洛克福芝士

750g格呂耶亞芝士

100g紅波芝士 _____

答案在第183頁。

你的分數： ／ 3（每個正確答案得1分）

16 亨利的貓

亨利比他的貓大4歲，但在8年前亨利的歲數是貓的2倍。亨利今年幾歲？請把答案寫在橫線上。

亨利今年 _____ 歲。

答案在第183頁。

你的分數： ／ 1

（答對得1分）

17 鈔票謎題

你現在在英國旅遊，當地有面值為5英鎊、10英鎊和20英鎊的紙幣。如果下面是你的錢包裏紙幣的數目和總金額，那麼錢包裏面值最低的紙幣是哪一張？

紙幣數目	總金額	面值最低的紙幣
① 3	40英鎊	_____
② 4	40英鎊	_____
③ 4	50英鎊	_____
④ 5	60英鎊	_____

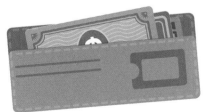

答案在第183頁。

你的分數： ／ 4

（每個正確答案得1分）

18 狐狸先生幾多點？（一）

每個數字組合都有它的基數，例如標準的數制是以10為基數，0至9是個位數，而10代表「1個10」和「0個個位數」；而210就代表「2個100」、「1個10」和「0個個位數」。在日常生活中，我們也會用基數計算時間。例如小時的基數是12，分和秒的基數則是60。請完成下面以12為基數的題目，把答案寫在橫線上。

①
17小時後是上午2時，那麼現在是什麼時間？

答案：＿＿＿＿＿＿＿＿

③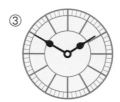
如果你在16小時後才趕去上午9時的約會，就會遲到8小時，那麼現在是什麼時間？

答案：＿＿＿＿＿＿＿＿

②
斯德哥爾摩比新加坡慢7小時，若現在新加坡是上午11時，那麼16小時後斯德哥爾摩會是什麼時間？

答案：＿＿＿＿＿＿＿＿

④
墨爾本比紐約快16小時，而紐約比倫敦慢5小時。艾力在當地時間下午4時離開墨爾本飛去倫敦。根據他的手錶時間，他在紐約時間下午1時着陸。那麼飛機的飛行時間共多少小時？飛機着陸後當地是什麼時間？

答案：＿＿＿＿＿＿＿＿

答案在第183頁。

你的分數：　　／ 4
（答對每題得1分）

19 狐狸先生幾多點？（二）

計算分鐘的基數為60，請完成下面以60為基數的題目，把答案寫在橫線上。

① 你用1小時12分鐘完成10公里長跑，你的朋友比你快24分鐘。你們同時在上午10時11分起步，那麼他在什麼時間衝線？

答案：＿＿＿＿＿＿＿＿＿

② 今天你有約會，但你遲了17分鐘才出門，巴士又延誤了6分鐘，上車後還要再花18分鐘才能到達目的地。你出門時是上午9時36分，最後你會在什麼時間抵達約會地點？

答案：＿＿＿＿＿＿＿＿＿

③ 現在是下午4時48分，你把蛋糕放進烤箱烤90分鐘，期間你需要確認烤箱的溫度兩次，而且兩次要相隔同樣的時間。那麼你要在哪兩個時間確認烤箱的溫度呢？

答案：＿＿＿＿＿＿＿＿＿

④ 電影《爭分奪秒》於晚上7時13分在鄉村電影院播映，而這部電影在城市電影院的播映時間是晚上7時37分。你去鄉村電影院要花12分鐘，去城市電影院則要花21分鐘，但這並不包括步行去車站所需的7分鐘。現在是晚上6時41分，你去哪一間電影院較有可能成為最早入場的觀眾？

答案：＿＿＿＿＿＿＿＿＿

答案在第184頁。

你的分數：　　／ 4
（每個正確答案得1分）

20 失蹤的數字

你能找出下面表格中？代表什麼數字嗎？請把答案寫在橫線上。

3	8	11
5	4	9
6	7	13
2	?	11

失蹤

答案：＿＿＿＿＿＿＿

答案在第184頁。

你的分數：　　／ 1
（答對得1分）

21 貨幣轉換器

你參加了暑期遊學團，要在未來4星期到訪4個不同的國家。出發前，你需要兌換各個國家的貨幣。請根據下面的兌換方式來換算所有貨幣，把答案寫在橫線上。（不能使用計算機來計算）

兌換方式：
1美元 = 0.5英鎊
1英鎊 = 1.25歐元
1.25歐元 = 100日圓
1日圓 = 0.02美元

① 400英鎊可以換取多少美元？　＿＿＿＿＿

② 250歐元可以換取多少英鎊？　＿＿＿＿＿

③ 1,250日圓可以換取多少英鎊？　＿＿＿＿

④ 400美元可以換取多少歐元？　＿＿＿＿＿

⑤ 250英鎊可以換取多少日圓？　＿＿＿＿

答案在第184頁。

你的分數：　　／ 10
（每個正確答案得2分）

22 度量衡

有些古老的商店賣東西時，會使用英制來計算重量和長度。英制跟我們常用的公制略有不同，請根據下面的轉換方式來計算，把答案寫在橫線上。（答案取至小數點後兩個位；如有需要，可以使用計算機來計算。）

轉換方式：

1公斤 = 2.2磅	1米 = 1.09碼
1安士 = 28.35克	1尺 = 30.5厘米
1英石 = 14磅	1寸 = 2.54厘米

① 一英石等於多少公斤？　＿＿＿＿＿＿＿

② 一米等於多少寸？　＿＿＿＿＿＿＿

③ 一米等於多少尺？　＿＿＿＿＿＿＿

④ 一碼等於多少米？　＿＿＿＿＿＿＿

⑤ 一碼等於多少尺？　＿＿＿＿＿＿＿

⑥ 一公斤等於多少安士？　＿＿＿＿＿＿＿

⑦ 一磅等於多少安士？　＿＿＿＿＿＿＿

⑧ 一英石等於多少安士？　＿＿＿＿＿＿＿

答案在第184頁。

你的分數：　　／ 8
（每個正確答案得1分）

秘訣 ↑

持之以恆地練習是提高心算能力的不二法門！你應抓住每次可以運用心算的機會，而不是一味使用計算機。你還可以於等車、上廁所等空閒時間，在腦海裏挑戰一些較為困難的數學題（例如756除以42），期間當然不能用草稿紙來計算。

23 哪輛單車較划算？

你想購買1輛新的單車，預算是2,000元。你在兩間單車店找到相同的單車，但是價格不同。單車店A給你提出優惠方案，願意在定價和你的預算之間取中間數作為售價。而單車店B表示可以給你8折後再減100元。如果兩間店的單車定價之和是7,500元，折扣後的售價之和是5,700元，那麼哪一間店的單車較划算？請把答案寫在橫線上。

答案：＿＿＿＿＿＿＿

答案在第184頁。

你的分數： ／ 1
（答對得1分）

24 DJ大比拼

你邀請了偉文和文豪在派對上擔任DJ，但你只有1張共15首歌的唱片，編號是1至15。偉文想從第4首歌開始，每次跳過兩首歌來播放；文豪則打算把唱片從接近末尾倒數向前，每隔3首歌來播放。派對完結前，兩人都播放了4首歌。如果他們把播放的歌曲編號相加，文豪得出的結果比偉文的少6，那麼兩人都播放了的是哪一首歌？請把正確的歌曲編號寫在橫線上。

答案：＿＿＿＿＿＿＿

答案在第184頁。

你的分數： ／ 1
（答對得1分）

總分：
／ 70

 金獎
（60 - 70分）

你的心算表現出色，請繼續看下一章，挑戰難度更高的數學題吧！

 銀獎
（30 - 59分）

你的數學能力還可以，但尚未能應付較難的題目，請再次挑戰這一章的數學題吧！如有需要可使用紙筆和計算機，因為這些題目最困難的部分在於列出正確的算式。一旦你知道從何入手，剩下的只是計算，不難找出答案。

 銅獎
（0 - 29分）

數字推理有一定的難度，但請不要一看到數字就暈頭轉向。試試做第179頁的挑戰，練習心算，然後重做這一章的題目。

★ 請翻到第179頁，完成挑戰。

第九章
算術的恐懼
重點訓練：進階運算

算術的恐懼

　　雖然數學焦慮症是一個常見的問題，但是你可以運用之前學到的推理和思考方法，來解決這一章的數學謎題。透過一步一步解開謎題，逐步建立自信心，相信你一定能克服這份恐懼。

小測試

完成下面的小測試，即時為你的數學智能評級。

1

你打算到夜校上課，其中一個課程的主題令你感興趣，但課程內容還包括一些統計知識。你會讀這個課程，還是改讀其他課程？

讀 / 不讀
（答「讀」得1分）

2

你的朋友正在計算這個月的收入和支出，但是遇到不少困難。她想請你幫忙看看賬簿，你會答應還是拒絕？

答應 / 拒絕
（答「答應」得1分）

3

你參加領袖訓練班時，老師要求你們利用繩子和計算機來量度樹的高度。你會主動嘗試，還是讓其他隊員挑戰？

主動嘗試 / 讓別人挑戰
（答「主動嘗試」得1分）

4

你的表弟想你教他做數學作業，你會樂意幫忙，還是怕得舉手投降？

幫忙 / 投降
（答「幫忙」得1分）

5

你參加的學會希望你可以擔任財政一職，你會欣然接受，還是逃之夭夭？

接受 / 逃走
（答「接受」得1分）

6

地產經紀想知道你家以平方米作為單位的面積，但媽媽只知道你家有多少平方尺，你可以幫忙換算出正確的面積嗎？

可以 / 不可以
（答「可以」得1分）

你的分數：　　／6

0-2分：你似乎有嚴重的數學焦慮症，但請至少完成這一章的前幾個練習。只要好好訓練運算能力，你就能更自信地面對數學難題了。

3-4分：你有點害怕數學，請試試發揮自己的實力，逐步解決這一章的題目。

5-6分：你對數學毫無畏懼，請通過這一章的訓練來證明實力，看看你能否完成最難的題目。

1 古怪計算機

你有一部古怪的計算機,計算時看不見運算符號鍵。你使用它計算下面的算式時,只好用●、◆、■ 和 ▲ 來代表不同的運算符號。請找出它們分別代表「+」、「-」、「×」或「÷」,把答案寫在橫線上。

①4 ● 3 = 6 ◆ 6
②2 ■ 2 = 4
③2 ▲ 2 = 4
④5 ■ 7 < 8 ▲ 2

● 是_____,

◆ 是_____,

■ 是_____,

而 ▲ 是_____。

答案在第184頁。

你的分數: ／ 1
（全部答對得1分）

2 質數挑戰

質數是除了1和自己外,無法被其他數整除的數,例如1、3、5、7、11等。你知道11之後的10個質數是什麼嗎?請把答案寫在橫線上。

答案:_____

答案在第184頁。

你的分數: ／ 3
（全部答對得3分）

3 球衣的秘密

下面5個是球衣的號碼,而且跟質數有關係。請找出這些數字的共同特點,把答案寫在橫線上。

25   35   51   77   119

答案:_____

答案在第184頁。

你的分數: ／ 1
（答對得1分）

秘訣 請嘗試挑戰雜誌或書上的數字智力遊戲,不過「數獨」和「數和」這類謎題主要考驗你的邏輯思維,並非數字推理能力。雖然這些謎題均以數字為基礎,但其實用其他符號來代替也可。若你想增強數學能力,不妨多做速算或猜數字遊戲。

4 蘋果的重量

你在蔬果店工作，現在需要運送1箱蘋果。你想知道蘋果的平均重量，但箱子上只有右面的資料。你可以計算出箱子裏蘋果的平均重量嗎？請把答案寫在橫線上。

蘋果的重量資料：
- 重量是112克的蘋果有67個。
- 重量是98克的蘋果有32個。
- 重量是128克的蘋果有125個。
- 重量是105克的蘋果有16個。

答案：_____

答案在第184頁。　　　你的分數：　　／ 2
（答對得2分）

5 數字三角形（一）

下面各三角形3個角的數可組成算式，得出的結果是中間的數。請找出這道算式，並計算出?代表什麼數，把答案寫在橫線上。

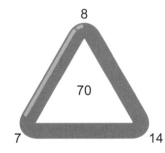

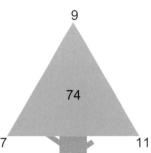

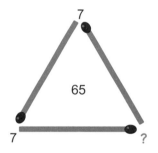

?代表_____。　　　　答案在第184頁。　　　你的分數：　　／ 1
（答對得1分）

6 數字三角形（二）

請根據下面三角形上各數的規律，找出?代表什麼數，把答案寫在橫線上。

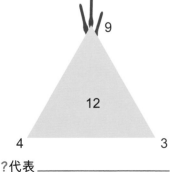

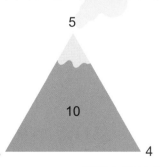

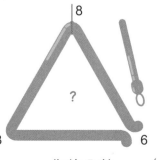

?代表_____。　　　　答案在第184頁。　　　你的分數：　　／ 2
（答對得2分）

7 數字旗幟（一）

請根據下面旗幟上各數的規律，找出?代表什麼數，把答案寫在橫線上。

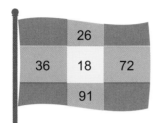 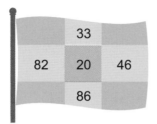 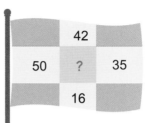

?代表＿＿＿＿＿＿＿＿＿＿。

答案在第185頁。

你的分數： ／2
（答對得2分）

8 數字旗幟（二）

請根據下面旗幟上各數的規律，找出?代表什麼數，把答案寫在橫線上。

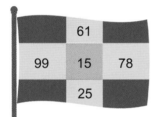 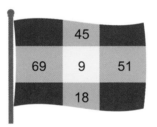 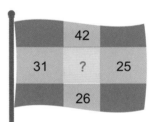

?代表＿＿＿＿＿＿＿＿＿＿。

答案在第185頁。

你的分數： ／3
（答對得3分）

9 數字五邊形

請根據下面五邊形中各數的規律，找出7個?分別代表什麼數，把答案寫在橫線上。

A
3
5   2
?
8   13

B
2
10   8
34
12   ?

C
?
16   7
66
?   41

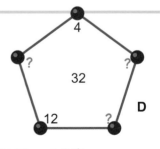
D

五邊形A：?代表＿＿＿＿＿。

五邊形B：?代表＿＿＿＿＿。

五邊形C：?分別代表＿＿＿＿＿。

五邊形D：?分別代表＿＿＿＿＿。

答案在第185頁。

你的分數： ／4
（答對每題得1分）

10 數字長方形

請根據右面長方形中各數的規律，找出?代表什麼數，把答案寫在橫線上。

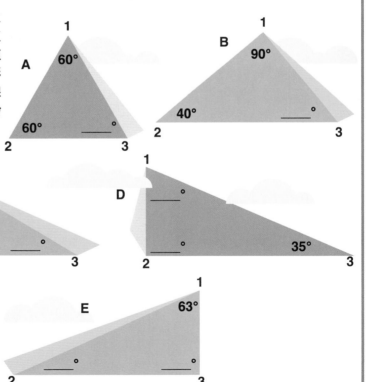

7	4	9	27
6	3	8	24
8	2	7	?
9	5	8	32

?代表 _____ 。

答案在第185頁。

你的分數：　／2
（答對得2分）

11 三角形的角度

幾何學中有一些基礎的概念，例如三角形3個內角之和為180°，還有直角三角形其中一角是90°。根據這些概念，你能計算出下面各個三角形的角度嗎？請把答案寫在圖中的橫線上。（注意這些三角形不是按比例繪製，不能使用量角器來量度。）

A　1　60°　2　60°　3 ___°

B　1　90°　40°　2　3 ___°

C　1　112°　2　38°　3 ___°

D　1 ___°　2 ___°　35°　3

E　2 ___°　1　63°　3 ___°

答案在第185頁。

你的分數：　／5
（答對每題得1分）

12 面積

計算不同圖形的面積，也有不同的公式。請看看下面的公式，找出各個圖形的面積，把答案寫在橫線上。

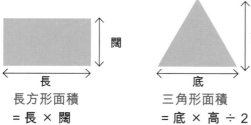

長方形面積
＝長 × 闊

三角形面積
＝底 × 高 ÷ 2

圓形面積
＝半徑 × 半徑 × 3.14

圓周
＝半徑 × 2 × 3.14

4

6

① 長方形面積是

_____ cm² 。

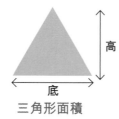

6

3

② 三角形面積是

_____ cm² 。

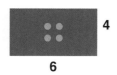

5

③ 長方形面積是 20 cm²，即闊度是 _____ cm。

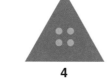

4

④ 三角形面積是 8 cm²，即高度是 _____ cm。

3

⑤ 圓形面積是 _____ cm²，圓周是 _____ cm。

8

⑥ 圓形面積是 _____ cm²，圓周是 _____ cm。

你的分數： ／6

答案在第185頁。

（答對每題得1分）

13 民宿平面圖

你和家人旅行時將會住進一家民宿，下面是那家民宿的平面圖。請利用平面圖計算出房子的總面積，把答案寫在橫線上。（每個小正方形的面積為0.25 m²。）

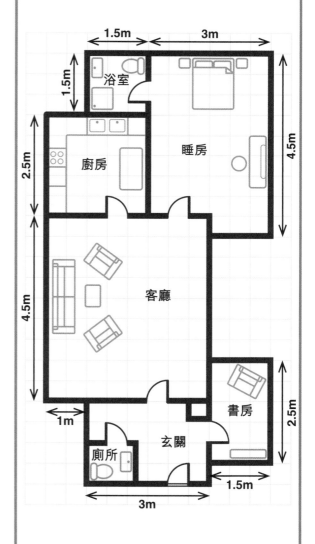

這家民宿的總面積是 _____ m²。

答案在第185頁。

你的分數： ／2

（答對得2分）

14 代數出沒注意！

代數其實比你想像的簡單得多，在日常生活中你也可能在無意間運用到代數。請找出下面方程中的a，把答案寫在橫線上。

① 你花35元買了7個蘋果，那麼平均每個蘋果多少錢？
方程：$a \times 7 = 35$
a = _____（元）

② 3卷布料可以製作9個椅套，平均每個椅套需要2平方米的布料，那麼每卷布料有多少平方米？
方程：$3a \div 9 = 2$
a = _____（平方米）

③ 馮女士在一次寵物慈善活動中捐出4盒貓糧，杜女士則捐出3盒貓糧。寵物慈善組織最後收到21罐貓糧，那麼1盒貓糧裏有多少罐？
方程：$4a + 3a = 21$
a = _____（罐）

④ 昨晚有5艘漁船出海，每艘船上的漁民人數相同。大風暴過後，雖然全部漁民倖存，但只有 $\frac{3}{5}$ 的漁民安全返航，其餘10人則狼狼地游回岸邊。那麼每艘漁船原有漁民多少人？
方程：$5a = 10 \div \left(1 - \frac{3}{5}\right)$
a = _____（人）

⑤ 3包香口膠的總數量等於48除以每包香口膠的數量。1包有香口膠多少片？
方程：$3a = 48 \div a$
a = _____（片）

你的分數：　　／ 5
答案在第185頁。　（每個正確答案得1分）

15 直線方程

方程可以用圖像來顯示，只要其中一個數變化，另一個數也會隨着變化。以右面的圖像為例，圖中的直線代表 $x = y$，即每當x軸代表的數增加，y軸代表的數也會相應增加。在現實生活中如有類似的情況，也可以轉化成圖像。請根據下面提供的情境，在另一張方格紙上畫出代表該方程的圖像。

① 爸爸的古董汽車非常耗油，花1升汽油（x），才走了2公里（y），那就可用x = 2y的方程來顯示。

② 你在斜坡上踏單車時，單車每移動2米（x），高度就上升1米（y），那就可用2x = y的方程來顯示。

③ 哥哥比你大2歲，如以他的年紀作y軸，你的年紀作x軸，那就可用 y = x + 2 的方程來顯示。

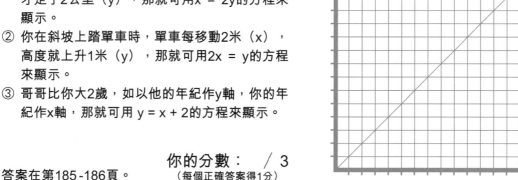

你的分數：　　／ 3
答案在第185 -186頁。　（每個正確答案得1分）

16 曲線方程

有些情況的方程會繪畫出曲線圖，例如計算正方形地毯的面積：以邊長作為x軸，地毯面積作為y軸，那就可用 $y = x^2$ 的方程來顯示（x^2即x乘以x）。只要查看下圖中那條曲線，就能看到邊長增加時，地毯面積也會相應增加。

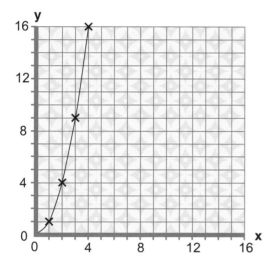

現在來一個小挑戰，請在另一張方格紙上畫出 $y = x^2 - 2$ 這方程的圖像。

答案在第186頁。

你的分數： ／ 2
（繪畫正確得2分）

秘訣 ↑

如果你對代數方程和幾何學感到陌生，那就可以到圖書館借閱相關書籍，或在網上學習一些基礎知識。當你熟習了這些基礎知識，便可增加難度，挑戰進階的數學題。這種由淺入深，循序漸進的方式可以幫助你建立自信，克服對運算的恐懼。

總分： ／ 50

 金獎
（40 - 50分）

你的數學能力很好，但你能否獲得滿分？如果你想不出某些題目的答案，那就重溫一遍，看看自己錯在哪裏吧！

 銀獎
（20 - 39分）

你有能力破解不同的題目，但仍需繼續磨練你的數學能力。不妨重做答錯了的題目，讓自己更進一步。

 銅獎
（0 - 19分）

你可能對數學沒什麼自信，甚至沒有嘗試去做某些題目。其實你是不是太早放棄了？請努力完成這一章的所有題目吧。

★ 請翻到第179頁，完成挑戰。

第十章
口齒伶俐
重點訓練：語言能力

口齒伶俐

語言能力又稱為語言智能，即理解和運用詞彙及語言的能力。這種能力由兩部分組成，包括語文知識，例如詞彙量和語法，以及運用語言的能力。

小測試

完成下面的小測試，即時為你的語言能力評級。

1

你在看雜誌或報紙時看到了填字遊戲，你會不會嘗試玩？

會 / 不會

（答「會」得1分）

2

如你有不懂的字詞，你可以根據前文後理猜出它的意思嗎？

經常猜對 / 甚少猜對

（答「經常猜對」得1分）

3

你比較喜歡玩拼字遊戲，還是俄羅斯方塊？

拼字遊戲 / 俄羅斯方塊

（答「拼字遊戲」得1分）

4

你將會在課堂上演講，題目是《我的家人》，你對自己的表達能力感到自信還是焦慮？

自信 / 焦慮

（答「自信」得1分）

5

若在你用電腦輸入文字時，取消了配詞功能，你還能夠應對自如嗎？

能夠 / 不能

（答「能夠」得1分）

6

如果你家裏有人需要寫一封投訴信，誰會擔此重任？

你 / 家人

（答「你」得1分）

你的分數：　／6

0-2分：你對自己的語言能力缺乏自信，請利用這一章的訓練檢視你的語言智能，並好好鍛煉口才。

3-4分：你的語言能力還不錯，但尚有進步的空間，請利用這一章的訓練找出需要改善的地方。

5-6分：你能說會道，而且擅長寫作，但學無止境，你可以在這一章的訓練中超越自我。

1 辨認筆畫數 ⏱

請用2分鐘把下面的詞語按筆畫數來排列，在橫線上寫出1至10。（1代表筆畫最少，10代表最多。如第一個字筆畫數相同，請以第二個字決定次序。）

滑鼠＿＿＿＿

汽水＿＿＿＿

梯子＿＿＿＿

木琴＿＿＿＿

拉鏈＿＿＿＿

蘋果＿＿＿＿

皇冠＿＿＿＿

手錶＿＿＿＿　耳機＿＿＿＿

樹＿＿＿＿

答案在第186頁。

你的分數：＿＿／1
（全部答對得1分）

2 辨認部首

請把左右兩邊部首相同的字連起來，並在橫線上寫出正確的部首。

① ＿＿＿＿部：刻 •　　• A. 拜

② ＿＿＿＿部：同 •　　• B. 券

③ ＿＿＿＿部：楚 •　　• C. 呼

④ ＿＿＿＿部：揚 •　　• D. 梨

⑤ ＿＿＿＿部：畫 •　　• E. 胃

答案在第186頁。　　你的分數：＿＿／3
（全部答對得3分）

3 詞語填充

請把右面的詞語填在橫線上，使故事的意思完整。

啄　　趕到　　幸好　　攻擊　　守護　　揮動

這些年來，一直＿＿＿＿着。有一天，突然＿＿＿＿，

不斷＿＿＿＿他的，令他很害怕。＿＿＿＿騎着及時＿＿＿＿，

還＿＿＿＿趕走烏鴉。

答案在第186頁。　　你的分數：＿＿／2（全部答對得2分）

4 辨別近義詞

近義詞指意思相近的詞語。當用下面4組詞語來描述圖中事物時，哪兩個詞語的意思最接近？請把答案圈起來。

①

堅固

堅定

堅強

堅硬

②

舒服

舒展

舒暢

舒適

③

可怕

古怪

恐怖

奇異

④

迅速

輕巧

敏捷

靈活

答案在第186頁。

你的分數：　／ 4
（每組正確答案得1分）

5 有哪些近義詞？

請想出下面詞語的近義詞，寫在橫線上。

①

「孤單」的近義詞是

＿＿＿＿＿＿。

②

「美味」的近義詞是

＿＿＿＿＿＿。

③

「勤奮」的近義詞是

＿＿＿＿＿＿。

④

「悅耳」的近義詞是

＿＿＿＿＿＿。

答案在第186頁。

你的分數：　／ 4
（每個正確答案得1分）

6 辨別反義詞

反義詞指意思相反的詞語。請選出下面詞語的反義詞,把英文字母圈起來。

①

② 「健康」的反義詞是
A. 虛弱
B. 軟弱
C. 脆弱
D. 薄弱

③

④ 「鮮艷」的反義詞是
A. 暗淡
B. 昏暗
C. 黯然
D. 陰沉

「否決」的反義詞是
A. 質疑
B. 同意
C. 反對
D. 決定

「忙碌」的反義詞是
A. 自由
B. 休息
C. 悠閒
D. 舒適

你的分數: ／ 4

答案在第186頁。 （每個正確答案得1分）

7 運用反義詞

請想出下面句子中紅色詞語的反義詞,寫在橫線上。

①

烏雲退去,灰暗的天空漸漸變得_____。

②

他會_____地把蛋糕分給大家,絕不偏心。

③

特技人_____地完成這個危險的表演。

④

熱鬧的派對結束,家裏變得_____起來。

參考答案在第186頁。 你的分數: ／ 4 （每個正確答案得1分）

8 隱藏的成語

右面的字卡隱藏了4個不同的成語，請把這些成語找出來，寫在橫線上。（字卡可重複使用）

1 _____

2 _____

3 _____

4 _____

答案在第187頁。

你的分數：　／8
（每個正確答案得2分）

一	五	十	千	萬
火	水	金	光	雨
如	像	心	和	眾
傷	急	焚	炬	茶

9 詞尾貪食蛇

下圖隱藏了一連串四字詞，每個四字詞末尾都能組成另一個四字詞。請先找出第一個四字詞，然後橫向或縱向移動，並在空格內寫出適當的字，使這串四字詞的意思完整。

應	不	供	退
	得		而
之	不	知	

答案在第187頁。

你的分數：　／1
（全部答對得1分）

10 排除異己

① 請把不同類的詞語圈起來。
鍛煉
熟練
訓練
操練

② 請把不同類的詞語圈起來。
利箭雙鵰
道路順風
承諾千金
猛牛二虎

答案在第187頁。

你的分數：　／2
（每個正確答案得1分）

11 斯特魯普實驗

斯特魯普實驗是一項有趣的語言測試，可以顯示潛意識如何干擾甚至顛覆你的認知。透過這個實驗，可以知道你能不能夠善用觀察力和語言能力。右面有一盒顏料，不過字體顏色跟文字本身的意思並不相同。請用最快速度大聲讀出每種字體的顏色，並用秒錶計算完成時間。挑戰時，你會發現自己即使嘗試讀出字體的顏色，大腦卻會不知不覺首先處理文字的意思，令你不小心把字面意思脫口而出呢！

你的分數：　　／ 3
（10秒內完成得3分，10 - 15秒得2分，16 - 20秒得1分）

12 顛倒的文字

閱讀上下顛倒的文章可以幫助你辨認文字，有效提升閱讀能力。請快速閱讀右面的段落，注意不能把書本倒轉來看。完成後蓋上段落，並回答下面的問題，把答案寫在橫線上。

在1190年的中世紀時期，法國國王腓力二世，首先把羅浮宮興建成了抵禦維京人侵襲，還於宮牆護城河一座壁壘來保衛巴黎。後來，國王弗朗索瓦一世下令把這座碉堡拆掉，他已厭倦了這座文藝復興風格的建築。此後4個世紀的法國國王和貴族繼續將它改建和擴建，也就是羅浮宮今天龐大而宏偉的面貌。人稱貝聿銘設計的玻璃金字塔，建於1989年落成。

① 羅浮宮原本的用途是什麼？　　　　　　　　　　　　　　　　　

② 弗朗索瓦一世把羅浮宮的城樓改成什麼風格的建築？　　　　　　

③ 設計玻璃金字塔的人是誰？　　　　　　　　　　　　　　　　　

答案在第187頁。

你的分數：　　／ 3
（每個正確答案得1分）

13 詞語接龍梯

下面是4條詞語接龍梯，從梯子最低的詞語開始，每個詞語的詞尾須連接着另一個詞，直至連到最頂端的詞語。例如「光線」和「謊言」就可以這樣連接起來：「光線」→「線條」→「條理」→「理解」→「解說」→「說謊」→「謊言」。請把詞語寫在接龍梯的空格內，並用秒錶計算完成時間，看看你需要花多少時間，才能從梯子底部爬到頂端。（參考答案在第187頁。）

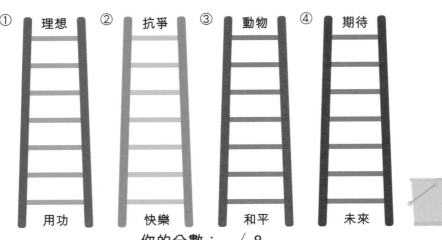

① 理想　② 抗爭　③ 動物　④ 期待

① 用功　② 快樂　③ 和平　④ 未來

你的分數： ／8
（每條梯在30秒內完成得2分，40秒得1分）

14 部件拼拼拼

請用20秒把下面的部件組合成字，寫在橫線上。（當部件用作部首時，可按照不同位置改變寫法，如「人」可寫作「亻」。）

人　心　水　白
主　台　青

答案：＿＿＿＿＿＿

＿＿＿＿＿＿

＿＿＿＿＿＿

答案在第187頁。

你的分數： ／3
（組成10 - 11個字得3分，8 - 9個字得2分，6 - 7個字得1分）

秘訣
↑
每天至少學習1個新字詞，能夠幫助你擴充詞彙量。每當遇到不認識的字詞時，不妨翻查字典，了解它的意思，並嘗試運用這個字詞造句，使你對它的印象更深刻。

15 水果沙律

除了累積中文的詞彙外，學習英文單詞也十分重要。請重新組合下面各題的英文字母，使它變成有意思的單詞，在另一張紙上寫下來。

① A N A B A N
② R O N A G E
③ P R E A G
④ P L A I N P E E P
⑤ A C R U E L W O L F I
⑥ W E T R Y B R A R S
⑦ E A R N M E T O W L

哪一個組成的英文單詞跟其他不同？

_____

答案在第187頁。　　你的分數：　／ 8
（每個正確答案得1分，找出不同的英文單詞可額外得1分）

16 文字偵探

請根據左面的圖重新組合各題的英文字母，使它變成有意思的單詞，並寫在橫線上。

① D E E T V E T I C
_____

② W C O N R
_____

③ O B O E K N O T
_____

④ G I R L I E N O
_____

⑤ H E I S L T W
_____

⑥ T E N V I N
_____

答案在第187頁。　　你的分數：　／ 6
（每個正確答案得1分）

總分：
／ 70

 金獎
（60 - 70分）

你擁有卓越的語言能力，不妨試試創作文字遊戲來考驗別人。在創作的思考過程中，你的語言能力會更上一層樓。

 銀獎
（30 - 59分）

你的表現不錯，但建議你重溫做錯了的部分，力求更進一步。

 銅獎
（0 - 29分）

你需要多閱讀或多玩文字遊戲，好好改善你的語言能力。待你有信心時，再重新挑戰這一章的訓練吧！

★ 請翻到第179頁，完成挑戰。

第十一章
迷失空間

重點訓練：視覺空間智能

迷失空間

　　視覺空間智能是感知物件形狀、距離、角度和空間的能力。在現實生活中也需要運用視覺空間智能，例如把罐頭放進櫥櫃，或是玩俄羅斯方塊遊戲。

小測試

完成下面的小測試，即時為你的視覺空間智能評級。

1

你可以善用空間，把不同形狀的東西完美地放進櫥櫃，還是隨意堆砌起來？

善用空間 / 隨意堆砌
（答「善用空間」得1分）

2

你玩賽車遊戲時把車駛至一條狹窄的路，那條路只比車身闊一點。你會駛進去還是離開找另一條路？

進去 / 離開
（答「進去」得1分）

3

你查看地圖尋找路線時，需要轉動手中的地圖，使它跟你對着同一方向，抑或只需旋轉腦海中的地圖？

手中的地圖 / 腦海中的地圖
（答「腦海中的地圖」得1分）

4

媽媽打算訂購一張新地毯，但她需要知道客廳的面積。你能夠替她估算出面積，還是要拿出捲尺來量度？

估算 / 測量
（答「估算」得1分）

5

遠足時朋友打開了地圖查看位置，然後把地圖交給你摺疊。你可以完美地把地圖摺回原樣還是粗略地摺起來？

完美 / 粗略
（答「完美」得1分）

6

你把摺疊的沙灘椅打開時，可以輕鬆地展開它，還是弄來弄去也弄不好？

輕鬆展開 / 弄不好
（答「輕鬆展開」得1分）

你的分數：　　／6

0-2分：看來你在感知視覺空間方面有點吃力，請完成這一章所有訓練，好好改善情況。

3-4分：你的視覺空間智能表現尚可，但有時會缺乏自信。請完成這一章的訓練，證明你有能力做到！

5-6分：你對視覺空間的感知非常敏銳，請發揮你的潛能，看看你能否輕鬆完成這一章的所有挑戰！

1 找不同 ⏱

下面2幅圖有6個不同的地方，你可以找出來嗎？請用秒錶計算完成時間。

答案在第187頁。

你的分數： ＿／ 3
（1分鐘內完成得3分，2分鐘內得2分，
超過2分鐘得1分）

2 鋪設地墊

你在玩家居設計遊戲，這一關需要替房子鋪設地毯。下面平面圖上每個正方形的邊長是0.5米，如果樓梯和玄關毋須鋪設地毯，那麼你總共需要多少平方米的地毯？請把答案寫在橫線上。

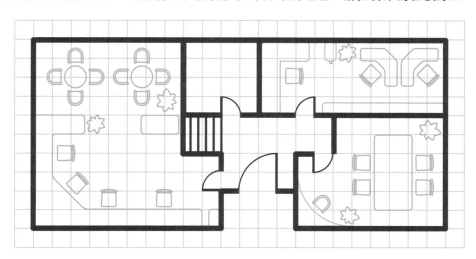

需要 ＿＿＿＿＿＿ 平方米的地毯。　　　答案在第187頁。　　　你的分數： ＿／ 2
（答對得2分）

3 讓腦袋旋轉

心像旋轉（mental rotation）是指在腦海中準確地旋轉圖像的能力，從而感知物件之間的空間位置。心像旋轉是判斷視覺空間智能的重要指標，亦是常見的智商測試題目。現在就來看看這個簡單的例子吧！下面4個正方形中，有3個是完全相同的，只是旋轉成不同的方向。你可以找出截然不同的那個正方形嗎？請把英文字母寫在橫線上。

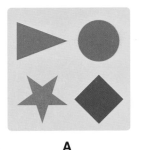

A

B

C

D

答案：＿＿＿＿＿＿　　　答案在第188頁。

你的分數：＿＿ ／ 1
（答對得1分）

4 大使的任務

現在要進一步訓練你的心像旋轉能力！你是理想國的大使，正在籌備一個外交活動。可是有人把國旗掛錯了方向，還混入了一面印刷錯誤的國旗。左面是正確的理想國國旗，右面哪一面是錯誤的？請把英文字母寫在橫線上。

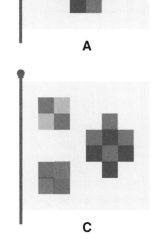

A

B

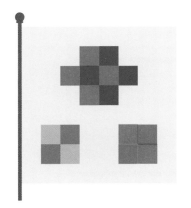

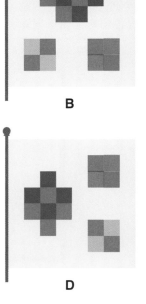

C

D

答案：＿＿＿＿＿＿　　　答案在第188頁。

你的分數：＿＿ ／ 1
（答對得1分）

5 困難的旋轉

來挑戰更複雜的心像旋轉測試吧！下面哪一個五邊形跟其他的不同？請把英文字母寫在橫線上。

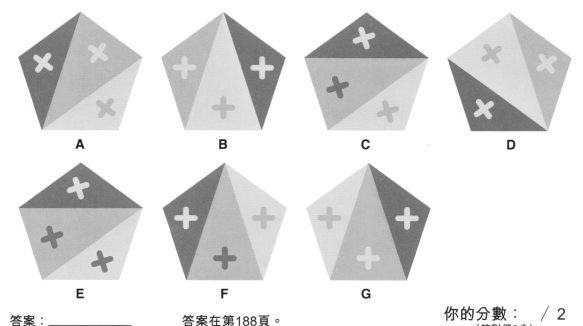

答案：＿＿＿＿＿＿＿　　　答案在第188頁。　　　你的分數：　／2
（答對得2分）

6 立方體的面

下面是一個立方體在3個不同視角的模樣，請利用心像旋轉能力，找出圖案D對面的圖案，把英文字母寫在橫線上。

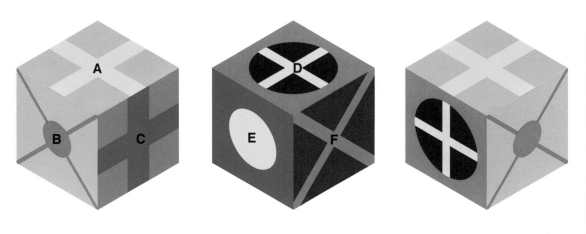

答案：＿＿＿＿＿＿＿　　　答案在第188頁。　　　你的分數：　／2
（答對得2分）

7 以偏概全？

如從不同方向來看，下面哪一個不是來自同一個立方體？請把英文字母寫在橫線上。

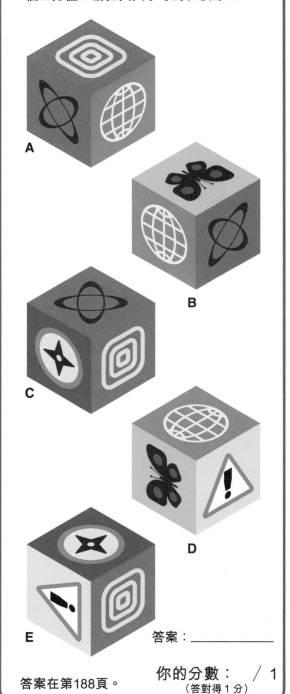

答案：＿＿＿＿＿＿

答案在第188頁。

你的分數： ／1
（答對得1分）

8 立方體的紙樣

如果你把立方體展開成平面圖形，那就可以得到一個十字形的紙樣。

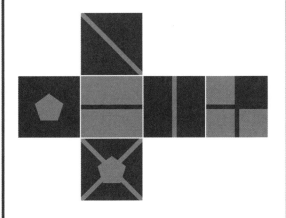

把上面的紙樣摺疊起來，可以得到哪一個立方體？請把英文字母寫在橫線上。

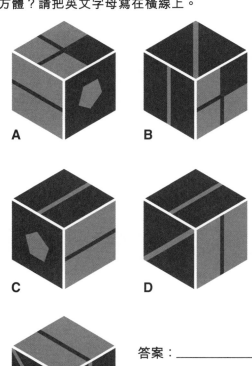

答案：＿＿＿＿＿＿

答案在第188頁。

你的分數： ／2
（答對得2分）

秘訣 ↑

3D（三維空間）的心像旋轉有一定難度，建議你把大問題拆解為幾個小問題去處理：假設你要在腦海中旋轉一個立方體，那就選擇其中一面作為頂部，然後標記左右兩側的圖案。接着用同樣的方法標記其他面，這樣你每次只須處理3面圖案之間的聯繫。

9 你在哪？

下面是你遠足時看到的景象，請根據看到的地形和特徵，在地形圖上用×標示出當時身處的位置。

答案在第188頁。

你的分數： ／2
（答對得2分）

10 地圖繪製員

根據各個地標的描述，在下面的方格紙上繪製正確的地圖。

 的西面3公里是

 的南面2公里是

 的南面1公里是

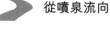 從噴泉流向

 的西面4公里是

 的南面4公里是

的東面4公里是

每個方格的邊長 = 1公里

答案在第189頁。

你的分數： ／2
（正確繪製地圖得2分）

11 擺放貨品

有一大堆貨物剛剛送到,你需要把這些貨品放進冷凍箱。請想出最佳的放置方式,並在右面的冷凍箱中把貨品的圖形畫出來。

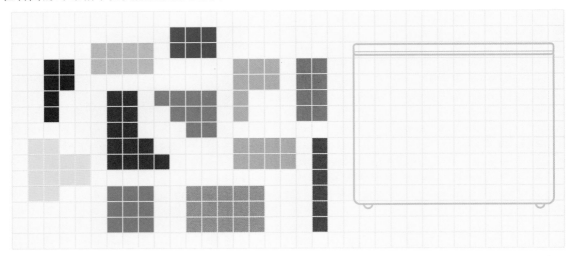

答案在第189頁。

你的分數: ____ / 2
（成功擺放所有貨品得2分）

12 方塊遊戲板

玩右面的方塊遊戲板時,可任意將方塊上下滑動至空缺的地方,但不能把它取出來調換位置。你無法把遊戲板弄成哪一個模樣?請把英文字母寫在橫線上。

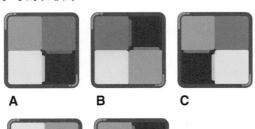

A　　　　B　　　　C

D　　　　E

答案: _____

答案在第189頁。

你的分數: ____ / 1
（答對得1分）

13 騎士棋子

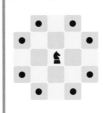

左圖中央的是國際象棋裏的騎士,四周的黑點表示騎士可以移至的方格。在下面的棋盤中,騎士最少需要移動多少步才能吃掉左上角的棋子?

答案: _____

答案在第189頁。

你的分數: ____ / 1
（答對得1分）

14 找規律（一）

請根據下面4個圖形的規律，找出第五個圖形，把英文字母寫在橫線上。

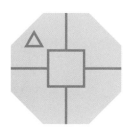 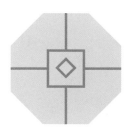 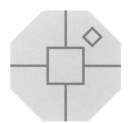 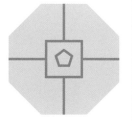

答案：＿＿＿＿＿＿

答案在第189頁。

你的分數： ／1
（答對得1分）

 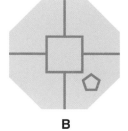 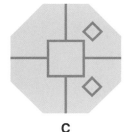

A　　　　　　　B　　　　　　　C

15 找規律（二）

請根據下面4行圖形的規律，找出第五行圖形，把英文字母寫在橫線上。

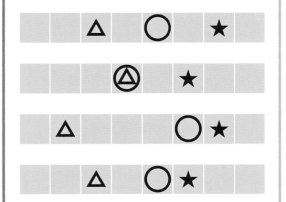

答案：＿＿＿＿＿＿

答案在第189頁。

你的分數： ／1
（答對得1分）

A

B

C

D

E

16 動一動!

觀察下面人物的動作規律。

下一個動作是什麼?請把英文字母寫在橫線上。

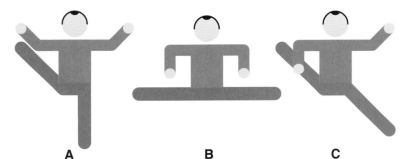

A   B   C

答案:＿＿＿＿＿＿　　　答案在第189頁。

你的分數: ＿＿ / 2
(答對得2分)

17 顏色的秘密 (一)

觀察下面圖形的規律,這些圖形的顏色與形狀有關。

下一個圖形是什麼?請把英文字母寫在橫線上。

答案:＿＿＿＿＿＿

A   B   C   D   E

答案在第189頁。

你的分數: ＿＿ / 2
(答對得2分)

18 顏色的秘密 （二）

觀察右面圖形的規律。

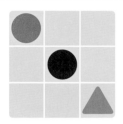 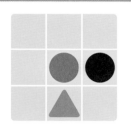 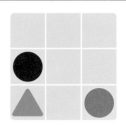

下一個圖形是什麼？請把英文字母寫在橫線上。

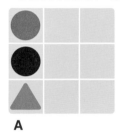 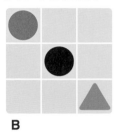 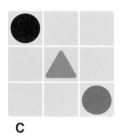 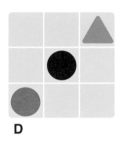

A　　　　　　**B**　　　　　　**C**　　　　　　**D**

答案：＿＿＿＿＿＿＿　　　　答案在第189頁。

你的分數： ／ 2
（答對得2分）

19 英文字母街

來到最後一題，不如來個充滿挑戰的視覺空間訓練吧！你需要在腦海中排列所有英文字母，排成上下兩條「字母街」，每行共有13個字母。請以G為起點，然後根據下面的指示沿着「字母街」游走，最後會到達哪個字母？請把它寫在橫線上。

答案：＿＿＿＿＿＿＿　　　　答案在第189頁。

你的分數： ／ 4
（答對得4分）

總分：
／ 40

 金獎
（30 - 40分）

你的表現出色，請重溫做錯了的題目，多加訓練這方面的視覺空間智能。

 銀獎
（20 - 29分）

有些難度較高的題目讓你感到困擾，請重做這些題目，熟習這類型的訓練，從而提升能力。

 銅獎
（0 - 19分）

心像旋轉讓你的大腦亂成一團，請查看第179頁的挑戰，了解如何在日常生活中鍛煉視覺空間智能。

★ 請翻到第179頁，完成挑戰。

第十二章
邏輯障礙
重點訓練：邏輯推理

邏輯障礙

　　邏輯智能是指推理的能力，需要你循序漸進、有條不紊地思考問題。然而，人類的大腦不太擅長這類思考模式，所以不少人會選擇走捷徑，以直覺推理問題。而戰勝邏輯謎題的關鍵，往往在於留意問題的措辭和用字。

小測試

你能看穿密碼和暗號，避免陷入邏輯謬誤，還是無法破解密碼，總是落入邏輯陷阱呢？完成下面的小測試，即時檢視你大腦的邏輯思維能力。

1

你打算購買新電視。在下決定前，你會先搜集資料，查看大量評價和比較各款電視的規格，還是直接購買外形最酷的電視？

搜集資料 / 直接購買

（答「搜集資料」得1分）

2

你會以哪種態度來做填字遊戲？是「我樂意嘗試」，抑或「這很可怕，還是少試為妙」？

樂意嘗試 / 少試為妙

（答「樂意嘗試」得1分）

3

秘密偵探學會的成員邀請你幫忙製作一個密碼系統，或是設計新的學會標誌。你會選擇做哪一項工作？

密碼 / 標誌

（答「密碼」得1分）

4

你的小狗跑進了公園。你會在公園裏跑來跑去，瘋狂地叫牠的名字，還是想出有效的搜索方案？

跑來跑去 / 想出方案

（答「想出方案」得1分）

5

媽媽忘記了電郵的密碼，她想你幫忙破解帳號密碼。你會試一試還是請她另找他人？

試一試 / 另找他人

（答「試一試」得1分）

6

有人滔滔不絕地說一些毫無根據的言論來冒犯你，你會惱羞成怒還是與他辯論，駁斥他的無稽之談？

惱羞成怒 / 辯論

（答「辯論」得1分）

你的分數：　　／ 6

0-2分：你傾向於感性思考，而非理性思考。但不要氣餒，許多邏輯思維技巧都很容易上手，只需多加練習便能輕鬆掌握。如果你遇到挫折，不妨從錯誤中學習。

3-4分：你嘗試以邏輯解決問題，但有時候還是會墮入非理性思考，請謹記直覺容易令人做出錯誤的判斷。

5-6分：你有電腦一般的邏輯思維，但你能克服這一章的所有挑戰嗎？試試看吧！

1 下一隻動物是什麼？

觀察下面4隻動物排列的規律。

下一隻動物是什麼？請把牠圈起來。

答案在第190頁。

你的分數： ／ 1
（答對得1分）

2 輕或重？

觀察下面4個物件的規律，框內哪一個物件最符合這規律？請把答案寫在橫線上。

石頭
水泥
鑽石
書本

沙　　　　　　鐵　　　　　羽毛　　　　　　金

答案：＿＿＿＿＿＿　　　答案在第190頁。

你的分數： ／ 2
（答對得2分）

3 今夕是何日？

大前天是星期六後的第三天。
今天是星期幾？請把答案寫在
橫線上。

答案：＿＿＿＿＿＿

答案在第190頁。

你的分數： ／ 1
（答對得1分）

4 混亂的字母

請看看下面的英文字母，把T左面第二個字母在A至Z的字母表中排後一個字母的左面第三個字母的右面那個字母圈起來。

R　H　V　Y　S　A　I　T　B　N

答案在第190頁。

你的分數：　　／ 1
（答對得1分）

5 類比推理

如果9對應6，那麼12對應下面哪一個數字？請把英文字母寫在橫線上。

A. 6

B. 10

C. 12

D. 8

E. 4

答案：＿＿＿＿＿＿　　　　答案在第190頁。

你的分數：　　／ 1
（答對得1分）

6 與和平呼應

如果165135對應英文單詞peace（和平），那麼129225對應下面哪一個單詞？請把英文字母寫在橫線上。

A. above

B. love

C. live

D. abacus

答案：＿＿＿＿＿＿

你的分數：　　／ 1

答案在第190頁。
（答對得1分）

7 咖啡時光

如果coffee（咖啡）對應5566153，那麼apple對應下面哪一個數字？請把英文字母寫在橫線上。

A. 193572

B. 51216161

C. 216169

D. 1937722

答案：＿＿＿＿＿＿

你的分數：　　／ 1

答案在第190頁。
（答對得1分）

8 逮捕歸案

請按邏輯順序排列下面的詞語,把英文字母寫在橫線上。

A. 拘捕

B. 坐牢

C. 犯罪

D. 審判

E. 出獄

_____ → _____ → _____ → _____ → _____

答案在第190頁。

你的分數: ____ / 1
（全對得1分）

9 大自然

請按邏輯順序排列下面的詞語,把英文字母寫在橫線上。

A. 蝦

B. 蟲

C. 魚

D. 豹

E. 鷹

F. 海藻

_____ → _____ → _____ →

_____ → _____ → _____

答案在第190頁。

你的分數: ____ / 1
（全對得1分）

10 天空與海洋

請按邏輯順序排列下面的詞語,把英文字母寫在橫線上。

A. 帆船

B. 風箏

C. 潛水艇

D. 飛機

E. 飛艇

F. 火箭

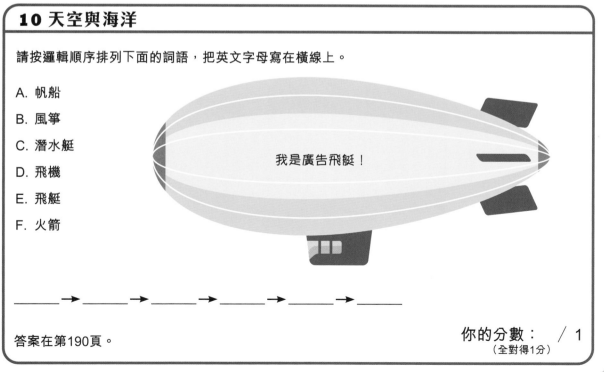

我是廣告飛艇!

_____ → _____ → _____ → _____ → _____ → _____

答案在第190頁。

你的分數: ____ / 1
（全對得1分）

11 管弦樂團

右面的文氏圖（Venn diagram）代表一個管弦樂團，其中圓圈C代表弦樂手，圓圈U代表音樂家協會的成員。如果音樂家協會主席是負責演奏低音大喇叭，那麼他屬於哪一個圖的陰影部分？請把英文字母寫在橫線上。

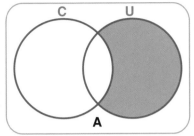
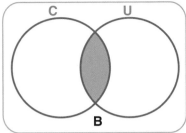

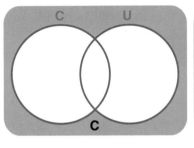
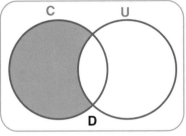

答案：＿＿＿＿＿＿＿

答案在第190頁。

你的分數：　／ 1
（答對得1分）

12 運動俱樂部

運動俱樂部所有小朋友至少要參加1個運動班：足球、網球或排球。請在右面的文氏圖中，把只參加其中一個運動班的小朋友，以及同時參加3項運動的小朋友標示出來。

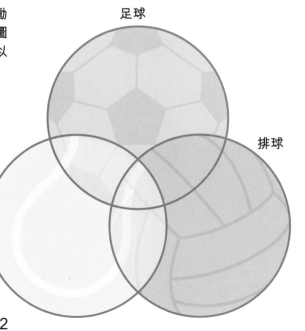

答案在第190頁。

你的分數：　／ 2
（答對得2分）

13 面試候選人

某家公司舉行招聘,共有20人申請,其中15人是女性,最後選了8人進入面試候選名單。申請這份工作的人要麼是女性,要麼進入了候選名單。那麼共有多少女性進入面試候選名單?請在另一張紙上畫出文氏圖幫助思考,然後把答案寫在橫線上。

答案:＿＿＿＿＿＿

答案在第190頁。

你的分數:＿＿＿ / 2
（答對得2分）

14 損壞的唱片

你在拍賣會中投到20張古董黑膠唱片,包括單曲和專輯,其中8張是專輯。沒想到有6張唱片被刮花了,如果共8張單曲沒被刮花,那麼有多少張專輯有刮痕?請在另一張紙上畫出文氏圖幫助思考,然後把答案寫在橫線上。

答案:＿＿＿＿＿＿

答案在第190頁。

你的分數:＿＿＿ / 2
（答對得2分）

15 海盜船

海軍拘捕了32名海盜:

- 有5名海盜戴獨眼罩,裝了木腿,而且肩膀上有鸚鵡。
- 有3名海盜戴獨眼罩,裝了木腿,但肩膀上沒有鸚鵡。
- 有9名海盜沒戴獨眼罩,沒裝上木腿,肩膀上也沒有鸚鵡。
- 有11名海盜戴獨眼罩,而且肩膀上有鸚鵡。
- 有16名海盜戴獨眼罩。
- 有9名海盜裝了木腿,而且肩膀上有鸚鵡。
- 有13名海盜裝了木腿。

有多少名海盜肩膀上有鸚鵡?請在另一張紙上畫出文氏圖幫助思考,然後把答案寫在橫線上。

答案:＿＿＿＿＿＿

答案在第190頁。

你的分數:＿＿＿ / 3
（答對得3分）

16 對或錯？（一）

除非蘇飛獲得駕駛執照，否則她不能開車。蘇飛沒有駕駛執照，所以她不能開車。

對或錯？

答案在第190頁。

答案：＿＿＿＿＿＿

你的分數： ／ 1
（答對得1分）

17 對或錯？（二）

如果我比阿標矮，那麼阿標長得高。阿標長得高，因此我比阿標矮。

對或錯？

答案在第190頁。

答案：＿＿＿＿＿＿

你的分數： ／ 1
（答對得1分）

18 對或錯？（三）

學校音樂會上，有些同學參加了管弦樂團，參加管弦樂團的同學都具有音樂天賦；有些同學會去音樂學院上課，被挑選入讀音樂學院的同學都具有音樂天賦。基於以上陳述，參加管弦樂團的同學都會在音樂學院上課。

對或錯？

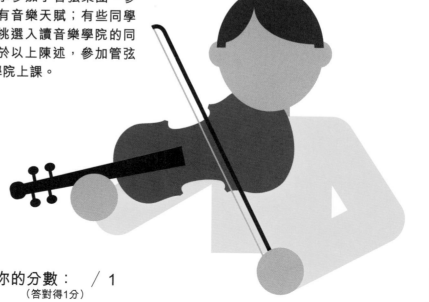

答案：＿＿＿＿＿＿

答案在第191頁。

你的分數： ／ 1
（答對得1分）

19 生產玩具

根據下面玩具的規律，接下來是哪一個？請把英文字母寫在橫線上。

A. kite

B. puzzle

C. chess

D. jump rope

parrot

teddy bear

robot

truck

答案：＿＿＿＿＿＿＿　　　答案在第191頁。

你的分數：　／ 1
（答對得1分）

20 不同的字母

請把跟其他不同類的字母組合圈起來。

BCDFGH

STUWXY

EFGIJK

DEFIJK

MNOQRS

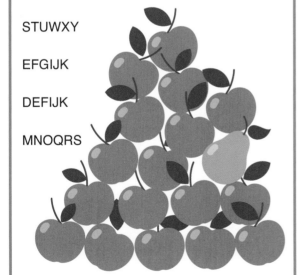

答案：＿＿＿＿＿＿＿

答案在第191頁。

你的分數：　／ 1
（答對得1分）

21 不同的文字

請把跟其他不同類的文字組合圈起來。

手水山人

中大火日

一月金女

中田一心

十大土木

答案：＿＿＿＿＿＿＿

答案在第191頁。

你的分數：　／ 2
（答對得2分）

22 獎牌的疑惑

慧雅和志倩剛看完一場運動賽事，想與你討論800米決賽獲獎的選手，但她們似乎也搞不清楚是誰獲獎。慧雅說奧雲取得金牌，貝卡取得銀牌；但志倩堅持艾米才是冠軍，而奧雲只得了銀牌。比賽的結果是奧雲、貝卡和艾米均贏得獎牌，而慧雅和志倩的陳述並不是完全正確，兩人都只說對了一半。那麼到底誰贏得哪個獎牌？請把正確的名字寫在橫線上。

金牌：＿＿＿＿＿＿＿＿＿＿＿＿＿＿

銀牌：＿＿＿＿＿＿＿＿＿＿＿＿＿＿

銅牌：＿＿＿＿＿＿＿＿＿＿＿＿＿＿

答案在第191頁。

你的分數：　　／ 2

（答對得2分）

23 翻卡片

下面有4張卡片，這些卡片一面是英文字母，另一面則是數字。若你不能翻轉超過2張卡片，你會翻轉哪些卡片來判斷以下這個假設是否正確？請把答案寫在橫線上。

假設：「在下面的卡片中，大楷字母卡片的背面必定是雙數。」

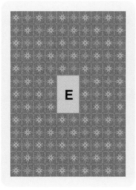
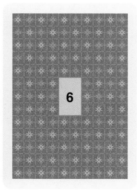
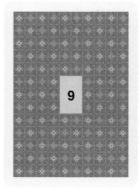
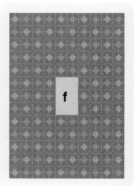

答案：＿＿＿＿＿＿＿＿＿＿＿＿＿

答案在第191頁。

你的分數：　　／ 2

（答對得2分）

24 選襪子

你買了20雙襪子，分別是10雙紫色和10雙紅色。不過這些襪子沒有成對擺放，這代表抽屜裏有40隻零散的襪子。若你閉上雙眼從抽屜裏取出襪子，那麼至少要取出多少隻襪子，才能確保有一雙顏色配對的襪子？請把答案寫在橫線上。

答案：＿＿＿＿＿＿＿＿＿＿

答案在第191頁。

你的分數： ／ 1
（答對得1分）

25 弄錯了的禮物

你買了3盒朱古力作為姨媽、叔叔和阿姨的禮物。焦糖朱古力是給阿姨的，因為她對酒精敏感；酒心朱古力是給姨媽的，因為她不喜歡焦糖；叔叔那盒混合了這兩款朱古力，因為他什麼朱古力都愛吃。不過這次有麻煩了！店員把3盒朱古力的標籤都貼錯了，你固然不想打開包裝，但你更不想送錯禮物。你至少要打開哪一／幾盒朱古力，才能確保每個人都收到想要的禮物？

答案：＿＿＿＿＿＿＿＿＿＿

答案在第191頁。

你的分數： ／ 2
（答對得2分）

26 變換字母

變換字母可以用來設計簡單的字謎，例如下面表格左右兩邊各有1個英文單詞，如用同一個字母取代兩個單詞的第二個字母，那就會變成另一個單詞。請找出該字母，並寫在橫線上。最後，這4個字母會拼成某個身體部位。

單詞1			身體部位	單詞2			
T	O	E	___	C	L	I	P
C	U	T	___	H	E	Y	
O	W	E	___	A	C	T	
O	L	D	___	E	X	I	T

我變，我變變變！

答案在第191頁。

你的分數： ／ 4
（每個正確答案得1分）

27 凱撒密碼

羅馬國王尤利烏斯・凱撒設計了一種簡單的密碼，叫「凱撒密碼」（Caesar cypher），又稱為「移位密碼」。這種加密方式是利用英文字母表的順序，把字母向後移1或幾個字母。例如：把A寫成B、B寫成C，如此類推。如想複雜一點，可以向後移幾個字母：

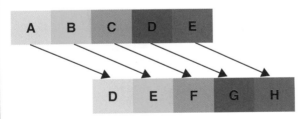

請根據字母移動次數破解密碼，把答案寫在橫線上。

王之密碼

字母移動次數	密碼	答案
① 1	SJEEMF	_____
② 2	YJKURGT	_____
③ 2	JKFFGP	_____
④ 3	VHFUHW	_____

答案在第191頁。

你的分數： ／ 4
（每個正確答案得1分）

28 秘密信息

請以第27題學到的凱撒密碼，移動字母3次，把下面的信息加密，並寫在橫線上。

URGENT MESSAGE: MEET TONIGHT

答案：＿＿＿＿＿＿＿＿＿＿＿＿＿＿＿

答案在第191頁。

你的分數： ／ 2
（答對得2分）

29 黑與白

下面的密碼是以凱撒密碼來加密，分別代表4種外形是黑白色的動物。請破解所有動物的英文名稱，並找出字母移動的次數，把答案寫在橫線上。

① RCPFC ＿＿＿＿＿＿＿＿

② BGDTC ＿＿＿＿＿＿＿＿

③ RGPIWKP ＿＿＿＿＿＿＿＿

④ FCNOCVKCP ＿＿＿＿＿＿＿＿

字母移動次數： ＿＿＿＿＿＿＿＿

答案在第191頁。

你的分數： ／ 5
（每個正確答案得1分）

30 眾裏尋E

下面是一則以凱撒密碼加密的信息，請看看頁底的「秘訣」，然後通過頻率分析破解這串密碼，並把答案寫在橫線上。

JQJAJS JQJUMFSYX JCNYJI YMJ JQJAFYTW JCHNYJIQD

答案：＿＿＿＿＿＿＿＿＿＿＿＿＿＿＿

答案在第191頁。

你的分數： ／ 2
（答對得2分）

秘
訣
↑

破解密碼時，你可以留意密碼中有沒有哪些字母較常出現。例如在英語中最常使用的字母是E，一篇文章中通常有12.7%的字母是E；其次是T，它的使用頻率為9.1%。通過計算字母出現的次數來破解密碼的方式，稱為「頻率分析」。

31 摩斯密碼

摩斯密碼（Morse code）是由斷斷續續的聲音或閃光組成，可以用來傳達包含數字和英文字母的信息。請根據右面的對照表，把下面的英文單詞變換成摩斯密碼，並寫在橫線上。

① MIND ＿＿＿＿＿＿＿＿＿

② CODE ＿＿＿＿＿＿＿＿＿

③ TRAIN ＿＿＿＿＿＿＿＿＿

④ SPEAK ＿＿＿＿＿＿＿＿＿

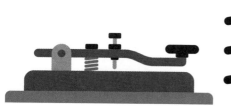

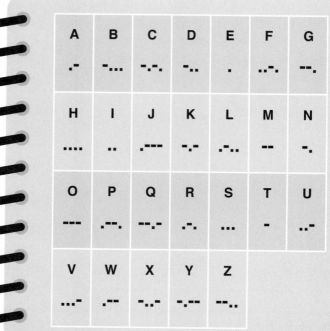

A	B	C	D	E	F	G
.-	-...	-.-.	-..	.	..-.	--.
H	I	J	K	L	M	N
....	..	.---	-.-	.-..	--	-.
O	P	Q	R	S	T	U
---	.--.	--.-	.-.	...	-	..-
V	W	X	Y	Z		
...-	.--	-..-	-.--	--..		

答案在第191頁。

你的分數：　／4
（每個正確答案得1分）

32 緊急密碼

從前的船員會利用摩斯密碼，在一望無際的大海上發出電報。請根據第31題的對照表，破解下面的密碼，並寫在橫線上。（斜線「／」是用來分隔英文單詞。）

... --- ... / ... .-- .-- -.. . -.-. -.- . -.. / --- -. / -.-. --- -.. . -.. / .. ..-.. - -. .-..

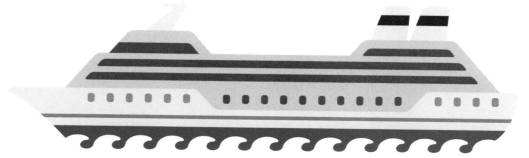

答案：＿＿＿＿＿＿＿＿＿＿＿＿＿＿＿

答案在第192頁。

你的分數：　／2
（答對得2分）

33 小船過河

你帶着1隻狐狸、1隻雞和1袋穀物,準備乘小船過河。可是,小船每次只能承載你和其中一種物品或動物過河。若你留下雞和狐狸,或是雞和穀物,就會有一方被吃掉。那麼你要如何把牠／它們全部運送過河呢?(要把動物活生生地運過去啊!)

答案:＿＿＿＿＿＿＿＿＿＿＿＿＿＿

＿＿＿＿＿＿＿＿＿＿＿＿＿＿＿＿＿＿

＿＿＿＿＿＿＿＿＿＿＿＿＿＿＿＿＿＿

答案在第192頁。　　　　你的分數:　／3
　　　　　　　　　　　　　（答對得3分）

34 穿越沙漠

你從美麗鎮到傑出鎮去送信,整段路程需要6天的時間來跨越一片乾燥又炎熱的沙漠。途中有3隻駱駝和2個護衛相隨,但每隻駱駝只能承載少量水,讓1隻駱駝和1個人飲用4天。如所有人和駱駝一同出發,你要怎樣做才能安全抵達傑出鎮?(不能把護衛丟在沙漠裏啊!)

答案:＿＿＿＿＿＿＿＿＿＿＿＿＿＿

＿＿＿＿＿＿＿＿＿＿＿＿＿＿＿＿＿＿

＿＿＿＿＿＿＿＿＿＿＿＿＿＿＿＿＿＿

答案在第192頁。　　　　你的分數:　／3
　　　　　　　　　　　　　（答對得3分）

總分:　／70

 金獎
（60 - 70分）
你有能力運用邏輯解決問題,還能清楚地找出問題的重點,然後對症下藥。請看看第179頁的挑戰,了解如何在日常生活中運用邏輯思維。

 銀獎
（30 - 59分）
你能夠成功解決部分謎題,但遇上較難的題目時往往會出現問題。請看看第179頁的挑戰,練習在日常生活中實踐邏輯思維。

 銅獎
（0 - 29分）
也許你未曾深思熟慮便説出答案,也許你遇上問題時不知從何入手。請重做這一章的訓練,並提醒自己要理性思考,從而改善邏輯推理能力。

★ 請翻到第179頁,完成挑戰。

第十三章

靈光一閃

重點訓練：創造力

靈光一閃

　　人們難以界定創造力，也無法具體地解釋它的運作原理。不過有研究發現某些方法可以增強創造力，讓腦袋靈活發揮創意。這一章的訓練能刺激和解放你的創造力，令你創意飛躍！

小測試

你的腦海裏是夢幻壯麗的景象，還是枯燥乏味的白日夢？完成下面的小測試，即時為你的創造力評級。

1

媽媽請你幫忙照顧表弟半小時，表弟嚷着要聽故事。你會創作一個有趣的故事，還是給他播放卡通片？

創作 / 播放

（答「創作」得1分）

2

當你重溫小時候的圖畫或作文，你會對自己豐富的想像力感到驚喜嗎？

會 / 不會

（答「會」得1分）

3

你的工作紙掉進了沙發後面，你會把手擠進空隙取出來，還是利用文具製作釣竿把它勾出來？

手 / 釣竿

（答「釣竿」得1分）

4
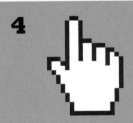

爸爸給電腦安裝了新程式，你會自己摸索怎樣用，還是等待他教你用？

摸索 / 等待

（答「摸索」得1分）

5
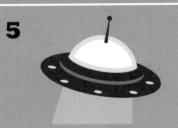

你請媽媽製作外星人服裝參加派對，嘗試在腦海中想像，這件服裝上有多少隻眼睛？

單數 / 雙數

（答「單數」得1分）

6

你對塗鴉有什麼看法：是浪費時間，還是啟發創意？

浪費時間 / 啟發創意

（答「啟發創意」得1分）

你的分數： ／ 6

0-2分：你覺得自己的想法簡單直接，但這並不代表你沒有創意天賦，只是你還不習慣釋放想像力，這一章的訓練會對你有幫助。

3-4分：你天生具有創造力，但可能你不太清楚提升創造力的方法。通過這一章的訓練，你可認識更多不同的方法。

5-6分：你擁有強大的想像力，完成這一章的訓練時，請盡情地發揮創意吧！

1 一字多用

創造力會在不同範疇中展現,其中一種能力是把一個字運用在不同語境,甚至組合成意思大相逕庭的詞語,例如:「聞」、「更」和「清」可分別組成「新聞」(名詞)、「更新」(動詞)和「清新」(形容詞)。這稱為「遠距聯想測驗」(Remote Associate Test),心理學家常以此來測試人們的語言創造力。下面每3個字為一組,請找出一個可與各字組合成詞語的字,把答案寫在橫線上。

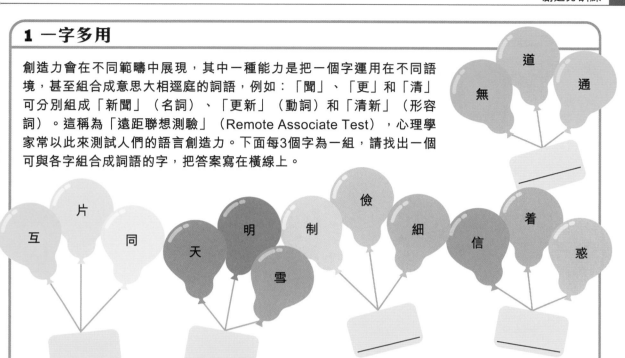

答案在第192頁。

2 創意分類

創造力有時是建基於新的聯想,尤其是那些突破一般人思考的聯想!為了訓練這方面的創意,你需要以讓人意想不到的創新方式,把下面的物品分門別類。請在5分鐘內構思各種不同的分類方法,記住原創的意念比數量多少更重要呢!

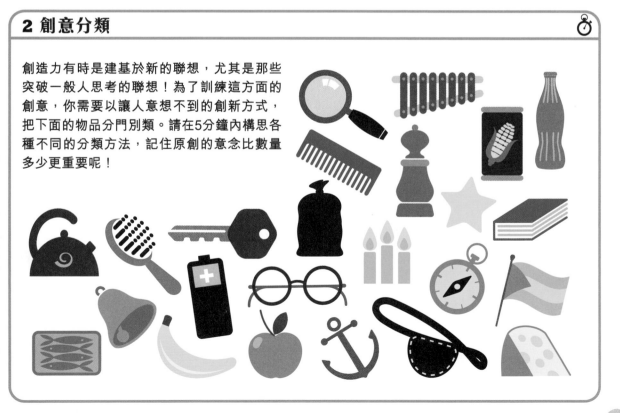

3 對立的事物

設想相對的事物常常用於激發創造力，迫使你以全新的方式思考，挑戰過往先入之主的想法。這個訓練能刺激你的大腦，激發你的創造潛能。請想出與下圖相對的事物，留意答案並沒有對錯之分，但不要以為加上「沒有」就是相對，例如「重力」和「失重」（沒有重力）可不是對立啊！

奄列 _____

顏色 _____

日記 _____

果汁 _____

老鷹 _____

4 反轉思維

如果你想鍛煉思維，那就需要顛覆正常思考，創造全新的概念。請看看下面的情境，然後按要求在另一張紙上寫出5個原因。

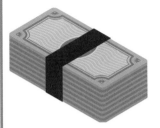

你從親戚那裏繼承了一筆遺產，請解釋為什麼這是壞消息。

你在餐廳吃的主菜相當美味，而且溫度剛剛好，請解釋為什麼你要退餐。

你洗澡後不小心滑倒，摔傷了腳踝，請解釋為什麼你很幸運。

你有一大堆髒衣服要洗，請解釋為什麼這是個好消息。

5 其他用途

有一項實驗以「替代用途測試」（Alternative Uses Test），來調查影響創造力的因素。你也來做做這個測試吧！請發揮創意和想像，想出下面 4 件日常物品的額外用途，並在另一張紙上寫下來。每件物品有2分鐘思考時間，列舉得越多越好。

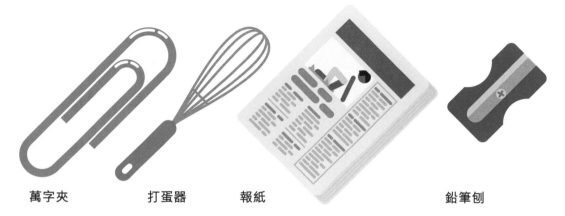

萬字夾　　　　　打蛋器　　　　報紙　　　　　　　　　　鉛筆刨

6 塗鴉創作

隨手寫寫畫畫是在日常生活中獲取靈感的最佳方法，這些塗鴉的重點不是畫得好不好，而是夠不夠創新。請發揮你的創造力，在右面的網格上創作一幅畫。繪畫時你必須遵守2條規則：

① 只能畫直線和橫線（不可畫斜線）。
② 必須配合現有的顏色方格。

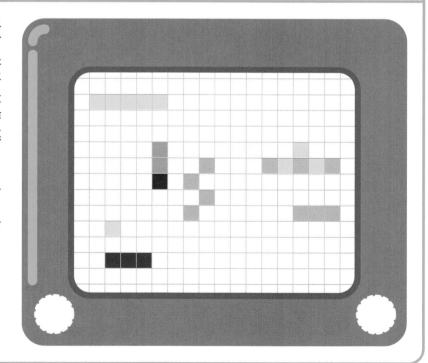

7　夢幻之旅

現在要進一步挑戰你的創意天賦！你是一位瘋狂發明家，正在設計1款革新的汽車。請完成下面的設計藍圖，創造出最新奇獨特的汽車。聽説你打算結合駕駛、飛行、漂流和潛水四大功能，快讓大家見識你的創意吧！

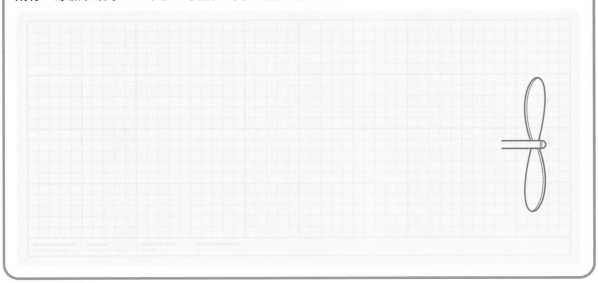

8　深海世界

請想像黑暗的深海裏有一隻神秘又詭異的海洋生物，並在下面空白的地方把牠畫出來。完成前，切勿閱讀右面那段的文字。

你創造的生物擁有多少隻眼睛？多少條手臂和觸鬚？牠的外形對稱嗎？有研究顯示創意思維越靈活，創造的生物就越不對稱，越不符合生物學的原則。

9 逃出生天

你被困在高塔的頂層,而你手上就只有一些古古怪怪的物品(見下圖)。請巧妙地利用下面所有物品,設計出一個完美的逃生計劃,並在另一張紙上寫下來。逃生的方法越離奇、越不切實際,反而越能表現你的創造力呢!

冰塊　　　　繩

帽子　　　　香口膠

鳥飼料　　　弩

梳子　　　鏡子

粉筆　　　鋼琴的琴鍵

10 忽發奇想

在壓力下創作可能會帶來意想不到的效果,來看看你在這個訓練中會有怎樣的表現!下面是一些經典童話故事的事物,請用10分鐘創作3個截然不同的童話故事,並在另一張紙上寫下來。(每個故事均須包含所有提供的事物。)

公主　　　青蛙

蘋果

樹　　　紡車

狐狸　　　食人魔

鏡子

魔豆莖

11 揭尾笑話

不少有趣的笑話都是以一個引人發笑的妙句作結，現在來逆向思考吧！請利用下面結尾的妙句，用5句話以內想出整個笑話，並在另一張紙上寫下來。

① ……這就是為什麼你從不會讓猴子替你剪頭髮！

② ……然後水手告訴國王：「對不起，陛下，我不知道美國在哪裏。」

③ ……最後一個找回鞋子的人是公主。

④ ……牌子上寫道：「想發瘋的話，不妨在這裏工作，這非常有效。」

12 故事角

有些作家會通過即興寫作，維持源源不絕的靈感，下面就是其中一個創意寫作的例子。請利用提供的故事開端和結尾，在另一張紙上創作中間的情節。你可以盡情發揮想像力，讓靈感飛躍！（字數要求：最少100字）

　　那是一個漆黑的夜晚，空氣潮濕悶熱。突然一聲槍響，一輛汽車悄悄駛出倉庫，越過碼頭的邊緣，沒入混濁的大海……

　　……傑洛把腳擱在桌上，拿起玻璃杯大喝一口，這是他遇過最棘手的案件。但是除了遭毀壞的照片、失蹤的疑犯和偷來的手槍外，其他調查都相當順利。

秘訣

當你面對困難時，不妨與它建立一段心理距離，有研究顯示這有效刺激你的創意思維。假設你需要處理與朋友之間的問題，那就可以想像遠在不同時空的人會如何解決。建立時間或空間上的距離後，會更容易讓你有嶄新的看法呢！

13 電影海報

請看看下面幾部電影的海報，然後在另一張
紙上為電影命名，並設計出一個宣傳口號。

評級	我受到啟發	我的表現一般	我感到吃力
這一章不設評分，請主觀地自我評價。	若你覺得這些訓練有趣，而且受到啟發，不妨把學到的技巧結合其他方面的智能，全面提升你的認知能力。其實各種智能可互助互補，例如視覺創意對記憶表現大有幫助。	你覺得某些題目比其他更有啟發性？請重溫這些題目，找出激發你靈感的共通點，然後嘗試在別的情境中實踐應用。這樣你就能觸類旁通，發揮無窮創造力！	如果你覺得這些訓練很困難，需要花太多時間，那就可以換換環境才再次挑戰，或是試做第179頁的挑戰，提升一下大腦的創意思維。

★ 請翻到第179頁，完成挑戰。

挑戰

完成訓練後，你覺得自己的表現如何？如果你在某一章獲得的分數較低，或是對某些題目感到吃力，那麼你可以試做下面的挑戰來提升自己。即使你在各章的表現卓越，這些挑戰仍能讓你精益求精，突破自我。

第一章

即時重溫

即時重溫就是接收新信息後，立刻在腦海中回顧內容，甚至大聲說出來。不管是電話號碼、購物清單，還是別人的姓名、生日日期，這樣做都能幫助你養成記憶習慣。每天重溫更可以把這些信息從短期記憶轉移到中期記憶中，讓記憶更牢固深刻。

第二章

親朋戚友

為自己訂一個記憶目標，例如記住你朋友其中一位親友的名字，注意那位親友不一定是你認識的人。首先列出名字清單，然後利用學到的記憶技巧展開聯想，把朋友和親友的名字聯繫起來。然後分別在1個星期、1個月和3個月後測試自己的記憶，看看你能否輕鬆地回想起這些名字。

第三章

外出前的小習慣

每次離開家門外出前，你都要檢查一遍隨身物品，並養成習慣。例如拍拍口袋或打開書包，然後在腦海中快速回想必備的物品清單：鑰匙？有！錢包？有！八達通？有！

第四章

記賬本

記賬本可以鍛煉你的中期記憶，當然前提是你必須每天填寫記賬本，記錄自己花錢的日期、地點、金額和內容。你可每隔幾星期翻看記賬本，並蓋上付款地點的資訊，然後透過金額和日期回憶起來。

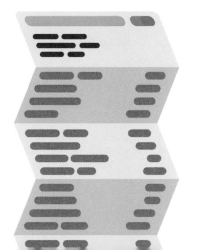

第五章

日常回顧

若你想改善傳記記憶，那就要先提升記憶的編碼能力。其中一個有效的策略是持之以恆地在每天結束前，仔細回想當天的經歷和活動。毫無疑問最直接的方法是寫日記，但每天花5分鐘來回想同樣有用。

第六章

記憶浮現

利用PIN碼的數字創造視覺畫面，能夠加深對PIN碼的記憶。例如你可以把每個數字的形狀聯想成不同的物品：數字1像鉛筆，數字4像划過腦海的帆船……當你為數字創造對應的物品後，就把所有物品組合成容易記住的畫面。當你需要使用PIN碼時，便可利用這個畫面提取記憶。你也可以為畫面添加不同的顏色或其他資訊，以便配對PIN碼和需要使用的情況。

第七章

效率之王

有系統的溫習方法可以提升學習效率和成效，建議你採用五步法：

① 速讀課本內容，了解內容概要；

② 思考其中不明白的地方，列出疑問清單；

③ 以找出答案為目的通讀全文；

④ 重溫各個學習重點；

⑤ 在24小時內回答之前列出的疑問，檢測學習成效。

第八章

心算計劃

每當需要支付現金的時候，就嘗試練習心算。習慣在購物時心算出貨物的總金額，以及在付款前心算出店員要找回多少零錢。

第十章

提升閱讀水平

閱讀書籍、雜誌和報紙可以豐富你的詞彙量，更有效改善你的口語能力。隨身攜帶筆記本和鉛筆，養成記錄新詞彙的習慣，並在稍後查找字詞的意思。記住盡量在日常對話中使用新詞彙，從而加深言語的記憶。

第九章

描畫人生

只要日常生活中涉及會隨情況改變的數字時，那就把它畫成圖像吧！例如利用圖像顯示你的體重隨着年齡增加而變化，或是零用錢與考試成績之間的關係。這個練習不僅能提升你的數學智能，還可以讓你從有趣的角度觀察生活。

第十一章

玩轉滑鼠

我們腦部後方的小腦負責處理視覺空間的協調，要鍛煉小腦很簡單，那就是把電腦的滑鼠旋轉180度來使用，變成以中指操控左鍵，食指操控右鍵。如想提升難度，你可嘗試用這個反轉的滑鼠在電腦繪畫。

第十二章

邏輯思維

破解密碼需要運用邏輯推理，請嘗試與其他人一起設計加密方法，然後互相挑戰，破解彼此的密碼。

第十三章

創意冥想

一個人的心理狀態對創意思維有極大影響，若你感到焦慮或無法集中精神，那就會削弱你的創造力。反之，清晰和專注的思緒可以大幅提升創造力。請你每天花5分鐘靜坐，細細觀察身邊的事物。當那些新鮮的念頭逐漸湧現，你便可嘗試聯繫剛才觀察到的事物，創作一些有趣的小故事。

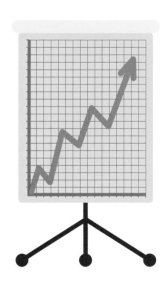

答案

第一章

2　哪裏得來的帽子？

棒球帽是最不相關的，它是唯一有帽舌的帽子。

6　這能切開嗎？

10　我手畫我心

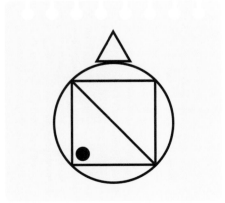

11　鴨子排隊

14　金銀島

藏寶地點在紅色的小屋。

24　干擾物品

扶手電梯是最不相關的，因為它是唯一一個不需要人力的梯子，其他梯子都需要你自行爬上去。

25　干擾數字

梅花J。

第三章

技巧：縮略詞

早餐、煮杯麵（草、餐；朱、杯、麵）

5 有趣古怪的縮略詞

隨時、舅父、新界、郊遊（鎚、匙；扣、斧；繩、鈪；膠、油）

技巧：藏字記憶法

默書又零蛋難免留堂。（油、檸、蛋、藍、麵、漏、糖）

16 左和右

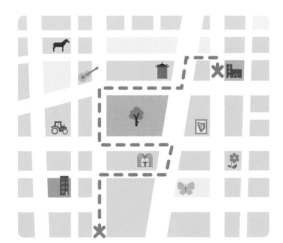

第六章

2 黑客密碼

① BULLDOG = |3|_|11|)*9

② XYLOPHONE = %'/,1*IO#*|\3

③ BIRTHDAY = |3!|27#|)@'/,

④ CHRISTMAS = (#|2!$7IVI@$

⑤ HALLOWEEN = #@11*VV33I\I

3 鍵盤層層疊

① 4046 = rfvp;/rfvyhn

② 1979 = qazol.ujmol.

③ 2005 = wsxp;/p;/tgb

④ 8238 = ik,wsxedcik,

4 密碼基礎

① A41A14A

② IA16GO17

③ 3BMSHTR

④ ATWI80D

5 進階密碼

① 6FOTJOS

② 8HSTMSUTB

③ 7HPATCOS

④ 6SCICTT

6 修改密碼

① gre10TTBBITFOTN

② eve10TTBBITFOTN

③ y3k10TTBBITFOTN

④ sun10TTBBITFOTN

7 交換英文字母

① 10GTEBNTFOTN

② 10ETEBSTFOTN

③ 10YTSBUTFOTN

④ 10STNBATFOTN

8 度身訂造

① Green10TTB

② STAR10TT

③ RunWay10TTBB

④ Fat10T

下一頁 →

11 倒轉鍵盤！

① 3183

② 0148

③ 981143

④ 391863

12 成語解碼

① 5882

② 3040

③ 3469

④ 3219

⑤ 8415

15 進階字母配對

① SM / PG；8256

② WH / CT；2729

③ SBP / EIC；815482

16 PIN碼單詞

① IMAX（Image Maximum的縮寫，指能夠播放最大影像的電影放映系統）

② NEST（巢）

③ KING（國王）

④ EDITOR（編輯）

⑤ FRANCE（法國）

19 數字諧音（英文版）

① 2187

② 0645

③ 2934

第七章

1 測驗達人

① 印度

② 貝多芬

③ 大西洋、印度洋、太平洋、北冰洋

④ 牛頓

⑤ 指南針、火藥、造紙術和印刷術

⑥ 1911年

⑦ 尼爾·岩士唐（Neil Armstrong）

⑧ 嬰兒

⑨ 烏拉圭

⑩ 高錕（他憑着光纖通訊的研究獲獎。）

2 找關聯

這幾個國家都是島嶼。

第八章

1 算術101

① 1,221

② 1,3203

③ 246

④ 3,274

⑤ 567

⑥ 912

⑦ 11

⑧ 13

2 找續零錢

① \$2.2

② 57元4角

③ \$11.4

④ \$15.3

3 買哪一本好？

《阿婆的秘密生活》和《動物世界》，共\$139；找續 \$ 0.7。

4 糖果謎題

最多可購買糖果21顆。

5 你知道座標嗎？

A：I8

B：M20

C：R16

D：O12

E：Q7

6 金幣寶箱

木箱裏原有600枚金幣，鋼箱裏原有1,400枚金幣。

7 排大小（一）

① 2；② 3；③ 1；④ 4；⑤ 5；⑥ 6

8 排大小（二）

① 4；② 1；③ 5；④ 3；⑤ 6；⑥ 2

9 小數vs分數（一）

$0.8 > \frac{2}{3} > 0.6 > \frac{2}{6} > 0.3 > \frac{1}{4}$

10 小數vs分數（二）

$\frac{11}{21} > 0.5 > \frac{2}{5} > 0.333 > 0.275 > \frac{7}{32}$

11 襪子謎題

德德有24雙格紋襪子。

12 切薄餅

薄餅A

1. $\frac{1}{2}$　2. $\frac{1}{4}$　3. $\frac{1}{4}$

薄餅B

1. $\frac{1}{4}$　2. $\frac{1}{6}$　3. $\frac{1}{6}$

4. $\frac{1}{6}$　5. $\frac{1}{4}$

薄餅C

1. $\frac{1}{3}$　2. $\frac{1}{9}$　3. $\frac{1}{9}$

4. $\frac{1}{9}$　5. $\frac{1}{3}$

薄餅D

1. $\frac{1}{4}$　2. $\frac{1}{8}$　3. $\frac{1}{8}$

4. $\frac{1}{4}$　5. $\frac{1}{8}$　6. $\frac{1}{8}$

13 劇院的觀眾

今天的入場人數：$160 \times \frac{3}{4} = 120$（人）

持學生門票的觀眾：$\frac{90}{120} \times 100\% = 75\%$

14 小兒子

6歲。

15 請給我芝士

訂單A：$ 121

訂單B：$ 134.2

訂單C：$ 220.9

16 亨利的貓

亨利今年16歲。

17 鈔票謎題

① 10英磅

② 5英磅

③ 5英磅

④ 5英磅

18 狐狸先生幾多點？（一）

① 上午9時

② 下午8時

③ 上午1時

④ 13小時；下午6時

下一頁 →

19 狐狸先生幾多點？（二）

① 上午10時59分

② 上午10時

③ 下午5時18分和下午5時48分

④ 城市電影院

20 失蹤的數字

9。以每一橫行來看，最後一格的數字是前兩格的數字之和。

21 貨幣轉換器

① 800美元

② 200英鎊

③ 12.5英磅

④ 250歐元

⑤ 25,000日圓

22 度量衡

① $14 \div 2.2 = 6.36$ 公斤

② $100 \div 2.54 = 39.37$ 寸

③ $100 \div 30.5 = 3.28$ 尺

④ $1 \div 1.09 = 0.92$ 米

⑤ $3.28 \times 0.92 = 3$ 尺

⑥ $1000 \div 28.35 = 35.27$ 安士

⑦ $35.27 \div 2.2 = 16$ 安士

⑧ $16 \times 14 = 224$ 安士

23 哪輛單車較划算？

單車店B較划算。單車店A的定價是4,000元，售價是3,000元；單車店B的定價是3,500元，售價是2,700元。

24 DJ大比拼

13號歌曲。偉文播放了第4、7、10和13號歌曲；文豪播放了第13、9、5和1號歌曲。

第九章

1 古怪計算機

●是 − ，◆是 ÷ ，■是 + ，而 ▲ 是 × 。

2 質數挑戰

13、17、19、23、29、31、37、41、43和47。

3 球衣的秘密

它們都是質數相乘的積，包括：

• $5 \times 5 = 25$

• $5 \times 7 = 35$

• $3 \times 17 = 51$

• $7 \times 11 = 77$

• $7 \times 17 = 119$

4 蘋果的重量

118克。

• 蘋果的總重量：$(67 \times 112) + (32 \times 98) + (125 \times 128) + (16 \times 105) = 7504 + 3136 + 16000 + 1680 = 28320$（克）

• 蘋果總數量：$67 + 32 + 125 + 16 = 240$（個）

• 蘋果的平均重量：$28320 \div 240 = 118$（克）

5 數字三角形（一）

？代表16。

下面是各三角形組成的算式：

• $14 + (7 \times 8) = 70$

• $11 + (7 \times 9) = 74$

• $16 + (7 \times 7) = 65$

6 數字三角形（二）

？代表4。

下面是各三角形組成的算式：

• $(9 \times 4) \div 3 = 12$

• $(5 \times 8) \div 4 = 10$

• $(8 \times 3) \div 6 = 4$

7 數字旗幟（一）

？代表13。

把旗幟上的數分成直行和橫行來看，把各行上下或左右兩個數中各數位相加，得出的結果便是中間的數。下面是右面那支旗幟組成的算式：

$4 + 2 + 1 + 6 = 5 + 0 + 3 + 5 = 13$

8 數字旗幟（二）

？代表10。

下面是右面那支旗幟組成的算式：

$(42 - 26) - (31 - 25) = 16 - 6 = 10$

9 數字五邊形

在每個五邊形中，規律是從右上角的數字開始逆時針移動，最後是中間的數字。依照這移動規律，從第三個數開始，每個數都是前兩個數之和。

五邊形A：？代表21。

五邊形B：？代表22。

五邊形C：？分別代表9和25。

五邊形D：？分別代表4、8和20。

10 數字長方形

？代表42。

以每一橫行來看，前兩格的數之差乘以第三格的數，等於最後一格的數。下面是第三橫行組成的算式：

$(8 - 2) \times 7 = 42$

11 三角形的角度

三角形A：$\angle 3 = 60°$

三角形B：$\angle 3 = 50°$

三角形C：$\angle 3 = 30°$

三角形D：$\angle 1 = 55°$；$\angle 2 = 90°$

三角形E：$\angle 2 = 27°$；$\angle 3 = 90°$

12 面積

① 長方形面積是 24 cm²。

② 三角形面積是 9 cm²。

③ 闊度是 4 cm。

④ 高度是 4 cm。

⑤ 圓形面積是 28.26 cm²，圓周是 18.84 cm。

⑥ 圓形面積是 50.24 cm²，圓周是 25.12 cm。

13 民宿平面圖

這家民宿的總面積是49 m²。

14 代數出沒注意！

① 5

② 6

③ 3

④ 5

⑤ 4

15 直線方程

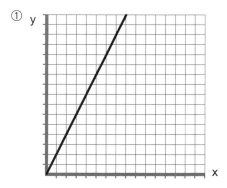

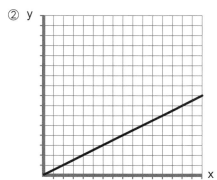

下一頁 →

③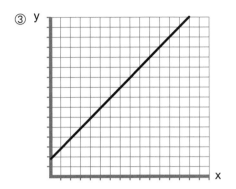

16 曲線方程

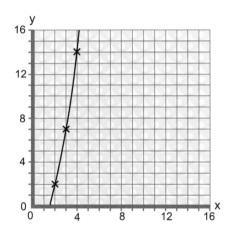

```
第十章
```

1 辨認筆畫數

7 梯子（11畫）

4 汽水（7畫）

8 滑鼠（13畫）

5 拉鏈（8畫）

10 蘋果（20畫）

6 皇冠（9畫）

1 木（4畫）琴（12畫）

2 手（4畫）錶（16畫）

3 耳機（6畫）

9 樹（16畫）

2 辨認部首

① 刀部：刻、券

② 口部：同、呼

③ 木部：楚、梨

④ 手部：揚、拜

⑤ 田部：畫、胃

3 詞語填充

這些年來，稻草人一直守護着麥田。有一天，烏鴉突然攻擊稻草人，不斷啄他的草帽，令他很害怕。幸好農夫騎着車及時趕到，還揮動耙子趕走烏鴉。

4 辨別近義詞

① 堅硬、堅固

② 舒服、舒適

③ 可怕、恐怖

④ 敏捷、靈活

5 有哪些近義詞？

（答案只供參考）

① 寂寞

② 可口

③ 努力

④ 動聽

6 辨別反義詞

① B

② A

③ C

④ A

7 運用反義詞

（答案只供參考）

① 明亮

② 公平

③ 安全

④ 冷清

8 隱藏的成語

（答案不分先後次序）
① 心急如焚
② 十萬火急
③ 萬眾一心
④ 如火如荼

9 詞尾貪食蛇

供不應求 ➜ 求知不得 ➜ 不得而知 ➜ 知難而退

10 排除異己

① 熟練（只有它是形容詞，其他是動詞。）
② 猛牛二虎（只要將第一個字改為「一」，其他四字詞就可變為成語。）

12 顛倒的文字

① 抵禦維京人侵襲。
② 文藝復興
③ 貝聿銘

13 詞語接龍梯

（答案只供參考）
① 用功 ➜ 功能 ➜ 能力 ➜ 力氣 ➜ 氣味 ➜ 味道 ➜ 道理 ➜ 理想
② 快樂 ➜ 樂觀 ➜ 觀看 ➜ 看見 ➜ 見面 ➜ 面對 ➜ 對抗 ➜ 抗爭
③ 和平 ➜ 平行 ➜ 行人 ➜ 人生 ➜ 生命 ➜ 命運 ➜ 運動 ➜ 動物
④ 未來 ➜ 來往 ➜ 往事 ➜ 事情 ➜ 情節 ➜ 節日 ➜ 日期 ➜ 期待

14 部件拼拼拼

（答案只供參考）泊、怕、伯、注、住、清、情、倩、治、怡、怠

15 水果沙律

① BANANA（香蕉）
② ORANGE（橙）
③ GRAPE（葡萄）
④ PINEAPPLE（菠蘿）
⑤ CAULIFLOWER（椰菜花）
⑥ STRAWBERRY（草莓）
⑦ WATERMELON（西瓜）
不同的英文單詞是CAULIFLOWER，因為它是唯一的蔬菜。

16 文字偵探

① DETECTIVE（偵探）
② CROWN（皇冠）
③ NOTEBOOK（筆記簿）
④ RELIGION（宗教）
⑤ WHISTLE（哨子）
⑥ INVENT（發明）

第十一章

1 找不同

2 鋪設地墊

需要 47 平方米的地毯。

下一頁 ➜

3 讓腦袋旋轉

D。它是C的鏡像圖形。

4 大使的任務

B。右下的紅藍格正方形左右翻轉了。

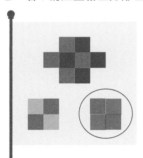

5 困難的旋轉

E。A和G、B和D、C和F是兩個為一組，它們的圖案相同，只是旋轉成不同的方向。

6 立方體的面

C。下面這個立方體的紙樣：

7 以偏概全？

A。下面這個立方體的紙樣：

8 立方體的紙樣

D。

9 你在哪？

10 地圖繪製員

11 擺放貨品

（答案只供參考）

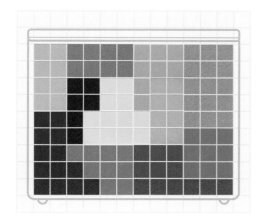

12 方塊遊戲板

B。

13 騎士棋子

5步。下面是棋子移動的路線：

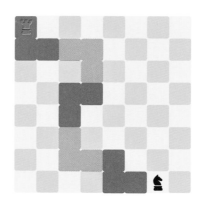

14 找規律（一）

B。可分別觀察圖形移動的路線，以及圖形邊數的規律。

15 找規律（二）

A。可獨立觀察各個圖形的位置變化。

16 動一動！

B。規律是左臂向下彎，右腿向上移動45°；然後右臂向下彎，左腿向上移動45°，如此類推。

17 顏色的秘密 （一）

C。紫色圖形的對稱軸是垂直的。

18 顏色的秘密 （二）

B。藍色圓形沿着對角線移動，黑色圓形從左至右移動，三角形從右至左移動。

19 英文字母街

R。

下一頁 →

第十二章

1 下一隻動物是什麼？

第三隻動物。動物的排列順序：條紋、斑點、條紋、斑點，所以下一隻必定是有條紋的動物。

2 輕或重？

鑽石。物件按重量和價值來排列，越輕的東西價值越低，越重價值則越高。

3 今夕是何日？

星期五。

4 混亂的字母

I。

5 類比推理

D。6是9的 $\frac{2}{3}$，而12的 $\frac{2}{3}$ 是8。

6 與和平呼應

C。數字是根據英文字母在字母表中的次序來排列，peace就是由排第16、5、1、3和5的字母組成。而live則是由排第12、9、22和5的字母組成。

7 咖啡時光

B。與第6題同理，但這題是從尾數向頭，因此apple：E=5，L=12，P=16，P=16，A=1。

8 逮捕歸案

C → A → D → B → E。按照事情的開端到結尾來排列。

9 大自然

D → E → C → A → B → F。按照動物會吃的東西來排列。

10 天空與海洋

C → A → B → E → D → F。按照物件活動的範圍，從最低到最高來排列。

11 管弦樂團

A。演奏低音大喇叭的是管樂手，不是弦樂手。

12 運動俱樂部

答案是藍色的部分：

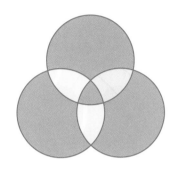

13 面試候選人

3人。

14 損壞的唱片

2張。

15 海盜船

17名。可用以下算式來計算：32 − 9 − 13 − 16 + 3 + 9 +11。

16 對或錯？（一）

對。這個句子沒有邏輯問題。

17 對或錯？（二）

錯。阿標長得高，但我可以長得更高。這個邏輯謬誤稱為「肯定後項」：「如果A，那麼B」，並不代表「因為B，所以A」。

18 對或錯？（三）

錯。「因為A，所以C」，同時「因為B，所以C」，並不代表「因為A，所以B」。

19 生產玩具

A。每個英文單詞末尾的字母都是下一個單詞開頭的字母，即parrot ➜ teddy bear ➜ robot ➜ truck ➜ kite。

20 不同的字母

DEFIJK。這些字母組合是按字母表的順序排列，但在第三、四個英文字母之間會跳過一個字母，只有「DEFIJK」跳了兩個字母。

21 不同的文字

中田一心。這些文字組合是以鍵盤上同一橫行的字碼組成，只有「中田一心」並不在同一橫行。

22 獎牌的疑惑

① 金牌：艾米
② 銀牌：貝卡
③ 銅牌：奧雲

23 翻卡片

E和9。不少人會選擇翻轉E和6，但是假設並沒有說雙數的背面必定是大楷字母。

24 選襪子

3隻。不少人誤以為是21，但其實只要取出3隻襪子，那就至少有兩隻會是相同的顏色。

25 弄錯了的禮物

只須打開「混合」標籤的那盒朱古力。因為3盒朱古力的標籤都貼錯了，所以「混合」標籤的那盒一定是酒心或焦糖朱古力。如果盒子裏是酒心朱古力，那麼「酒心」標籤的那盒必定是焦糖朱古力，否則就會有1盒朱古力的標籤正確，那就出現矛盾。（用同樣方法，打開「酒心」或「焦糖」來驗證也可。）

26 變換字母

單詞1			（手）	單詞2		
T	H	E	H	C	H	I	P
C	A	T	A	H	A	Y
O	N	E	N	A	N	T
O	D	D	D	E	D	I	T

27 凱撒密碼

① RIDDLE
② WHISPER
③ HIDDEN
④ SECRET

28 秘密信息

XUJHQW PHVVDJH: PHHW WRQLJKW

29 黑與白

① PANDA（熊貓）
② ZEBRA（斑馬）
③ PENGUIN（企鵝）
④ DALMATIAN（斑點狗）
字母移動次數：2

30 眾裏尋E

ELEVEN ELEPHANTS EXITED
THE ELEVATOR EXCITEDLY.
（11隻大象興奮地離開電梯。）
字母移動次數：5

31 摩斯密碼

① -- .. -. -..
② -.-. --- ..- .
③ - .-. .- -.
④ ... .--. .- -.

下一頁 ➜

32 緊急密碼

SOS SHIPWRECKED ON CORAL ISLAND
（求救，在珊瑚島失事）

33 小船過河

首先把雞運過河，把雞留在河對岸；然後運送穀物，把穀物留在對岸，同時把雞帶回去；把雞放下再換上狐狸，帶到對岸後把狐狸留在對岸；最後回去把雞運送過河。

34 穿越沙漠

第一天後，其中一隻駱駝把2天的水分給另外2隻駱駝和2個護衛，僅保留1天的分量返回美麗鎮。第二天後，第二隻駱駝把1天的水分給剩下的駱駝，然後保留2天的分量返回美麗鎮。在第三天，剩下那隻駱駝仍有4天的水，足以抵達傑出鎮。

第十三章

1 一字多用

黃色：相（互相、相片、相同）
綠色：白（白天、明白、雪白）
藍色：節（節制、節儉、細節）
紫色：迷（迷信、着迷、迷惑）
橙色：知（無知、知道、通知）

鳴謝

作者

喬爾・利維（Joel Levy）是科學作家兼記者，熱愛研究心理學。他的作品主要探索心理學中主流及非主流的領域，從認知能力訓練到反常精神體驗，都是他的專業領域。他畢業於英國華威大學（University of Warwick）及愛丁堡大學（University of Edinburgh），獲得分子生物學和心理學學位，其後出版了多本著作，包括 *Boost Your IQ* 和 *Train Your Brain*。

作者致謝

作者Joel Levy在此感謝這本書背後的團隊，包括Lizzie Yeates、Angela Baynham、Miranda Harvey、Harriet Yeomans和Keith Hagan，特別感謝Dawn Henderson。同時非常感激Anne Hooper給予靈感，以及無限支持。

插畫家

基斯・哈根（Keith Hagan）在平面藝術中眾多方面均具有豐富的經驗，包括插畫、電影特效動畫製作、平面設計、美術指導及廣告文案。他持續創作，為出版社、廣告商以及企業客戶提供了不少圖像及文字素材。

出版社致謝

這本書的原出版社Dorling Kindersley在此感謝參與設計的Kate Fenton和Heather Matthews，提供索引的Michele Clarke（繁體中文版並沒有索引）、負責校對的Claire Cross，負責檢查題目的Nikki Sims，以及負責檢查第八至九章中數學內容的Roger Trevena。